FIGURE DE LA TERRE,

Par M. le Baron D'AVOUT,

Capitaine d'État Major, Employé aux travaux géodésiques
de la nouvelle Carte de France;
Ancien Élève de l'École de Saint-Cyr.

PARIS,

BACHELIER, IMPRIMEUR-LIBRAIRE

DE L'ÉCOLE POLYTECHNIQUE ET DU BUREAU DES LONGITUDES,

Quai des Augustins, 55.

1852

MÉMOIRE

SUR

LA FIGURE DE LA TERRE,

PAR M. LE BARON D'AVOUT,

Capitaine d'État-Major, Employé aux travaux géodésiques
de la nouvelle Carte de France;
Ancien Élève de l'École de Saint-Cyr.

PARIS,

BACHELIER, IMPRIMEUR-LIBRAIRE

DE L'ÉCOLE POLYTECHNIQUE ET DU BUREAU DES LONGITUDES,

Quai des Augustins, 55.

1852

MÉMOIRE

SUR

LA FIGURE DE LA TERRE.

AVANT-PROPOS.

L'objet de ce Mémoire est de faire une application des résultats des observations astronomiques et des mesures et calculs géodésiques qui ont été exécutés en France et qui se trouvent dans la *Description géométrique de la France*, par M. le colonel Puissant.

Il est clair que la forme de la surface de la Terre serait parfaitement connue, si pour chacun de ses points on connaissait une surface de nature déterminée et qui pût être considérée comme coïncidant avec la surface de la Terre, dans une certaine étendue, aux environs du point de contact; ou, autrement dit, qui en fût osculatrice.

Parmi les diverses natures de surfaces, la plus propre à remplir ce but nous a paru être le paraboloïde elliptique, la nature de son équation, où l'une des inconnues n'entre qu'au premier degré, facilitant les intégrations.

L'objet de ce Mémoire est donc de trouver les moyens de calculer les éléments d'une semblable surface osculatrice à un point quelconque de la surface du globe, déterminé par ses latitudes et longitudes, et d'après les résultats connus des observations astronomiques et mesures géodésiques, c'est-à-dire d'après les latitudes, longitudes et azimuts astronomiques d'un certain nombre de points voisins du point considéré comme point de contact, et d'après les longueurs des axes terrestres joignant ce dernier point aux autres points, longueurs que donnent les mesures et calculs géodésiques.

Ce Mémoire est divisé en quatre chapitres.

I.

Étant donnée l'équation générale d'un sphéroïde ou surface très-peu différente de la sphère, trouver les valeurs des éléments d'un paraboloïde elliptique osculateur à l'un quelconque de ses points.

Question subsidiaire : *Trouver les valeurs des éléments d'un second paraboloïde osculateur à l'un quelconque des points du premier paraboloïde, très-voisin du sommet de celui-ci.*

II.

Étant donné un paraboloïde osculateur à un point quelconque du globe, déterminé par ses latitudes et longitudes, déterminer en fonction des éléments de ce paraboloïde les latitudes et longitudes de l'un quelconque de ses points peu distant de son sommet, étant donnés la longueur de l'axe séparant ces deux points et l'azimut du premier élément de cet arc.

Toutes les formules trouvées sont développées suivant les puissances du rapport de l'*axe considéré*, au rayon moyen de la Terre, rapport qui est toujours très-petit.

III.

On donne quelques considérations sur la ligne dite géodésique, dont on détermine la nature, et l'on fait voir que dans toute l'étendue où se peuvent appliquer les formules de ce

Mémoire, cette ligne géodésique peut être regardée, sans erreur sensible, comme se confondant avec l'arc déterminé par l'intersection de la surface de la Terre avec un plan mené par la normale à l'une des extrémités de cette ligne et par l'autre extrémité.

Au moyen de la solution de la question subsidiaire contenue dans le chapitre Ier, on donne l'expression de l'azimut du dernier élément de l'arc considéré dans le chapitre II.

IV.

Ce chapitre est consacré aux applications numériques des formules précédentes.

Bourges (point géodésique) est considéré comme point central de la France et comme sommet du paraboloïde osculateur à déterminer. D'après les données prises dans la *Description géométrique de la France*, nous déterminons les éléments de ce paraboloïde.

Nous employons les éléments de ce paraboloïde pour déterminer la surface du globe supposée être un ellipsoïde à trois axes inégaux; mais, les conditions données n'étant pas suffisantes, nous y joignons, pour autre condition, celle-ci : que la moyenne des deux excentricités de cet ellipsoïde soit $\frac{1}{308}$, excentricité résultant des calculs de la *Mécanique céleste*.

Nous trouvons alors que les deux excentricités de l'ellipsoïde osculateur à Bourges sont $\frac{1}{282}$ et $\frac{1}{233}$; que le petit axe étant l'axe de rotation du globe, le plan qui contient cet axe et l'axe moyen fait avec le plan méridien de Bourges, et à l'ouest de ce plan méridien, un angle de $46^{g},85'$, et que l'excentricité de l'ellipse, intersection du plan mené par Bourges et par l'axe du globe, est égale à $\frac{1}{309}$.

Si, de plus, on mène perpendiculairement à la normale de Bourges, un plan, il coupe l'ellipsoïde suivant une ellipse dont le grand arc est dirigé à $5^{G}, 46'$ du plan perpendiculaire au plan méridien de Bourges, la partie ouest de cet axe étant au nord de ce plan perpendiculaire au plan méridien de Bourges.

Si ce plan est mené par le Panthéon,

Les demi-axes de l'ellipse sont. . . . 193847 mètres

Et. . . . . 194202 mètres.

De plus, le point *Bourges* sera élevé de 2951 mètres au-dessus du plan considéré.

Dans une addition au dernier chapitre, nous faisons voir l'identité de nos formules avec les formules employées au Dépôt de la guerre pour calculer les coordonnées géographiques des points géodésiques des deuxième et troisième ordres de la carte de France; la seule différence, c'est que nos formules contiennent des termes qui ont dû être négligés dans les formules du Dépôt, vu les petites longueurs des arcs considérés.

CHAPITRE PREMIER.

1. Soit

$$x^2 + y^2 + z^2 - a^2 - 2\alpha a^2 u = u' = 0$$

l'équation de la surface du sphéroïde terrestre; α est un très-petit coefficient dont on néglige le carré et les puissances supérieures : il en résulte que u pourra être considéré simplement comme fonction de x et de y. Nous prendrons l'axe des pôles pour l'axe des z, et le centre des coordonnées O sera le centre de gravité de la Terre. Le plan des xy sera celui de l'équateur céleste, et l'axe des x sera l'intersection de ce plan avec le méridien céleste d'où se compteront les longitudes.

Soit M (*fig.* 1) un point de la surface, et soit

$$OM = R_1 = a(1 + \alpha u_1);$$

u_1 étant alors considéré comme fonction des angles $z\,OM$, dont nous représenterons le cosinus par μ_1, et $NON' = \omega_1$; ON est la projection de OM sur le plan des $x\,y$. Menons en M la normale $M\,z'$ que nous prendrons pour nouvel axe des z'; le plan tangent en M sera le nouveau plan des $x'y'$, et nous prendrons pour axe des x' l'intersection du plan tangent en M avec le plan $y''M\,x''$ parallèle au plan des $x\,y$. Nous mènerons en outre par M trois nouveaux axes des x'', y'', z'', parallèles aux axes primitifs des x, y, z.

Cela posé, nous désignerons par x_1, y_1, z_1 les coordonnées de M rapportées aux axes primitifs, en sorte que nous aurons

$$R_1 = (x_1^2 + y_1^2 + z_1^2)^{\frac{1}{2}} = a\,(1 + \alpha u_1),$$

et

$$x_1 = R_1 \sqrt{1 - \mu_1^2}\, \cos \omega_1 , \quad y_1 = R_1 \sqrt{1 - \mu_1^2}\, \sin \omega_1 , \quad z_1 = R_1 \mu_1 .$$

u_1 est fonction de x_1 et de y_1; mais, comme il est multiplié par α, il faudra y faire $x_1 = a \sqrt{1 - \mu_1^2}\, \cos \omega_1$ et $y_1 = a \sqrt{1 - \mu_1^2}\, \sin \omega_1$.

Soit m un point de la surface du sphéroïde, peu éloigné de M, et soient x, y, z; x', y', z'; x'', y'' z'', ses coordonnées rapportées aux trois systèmes d'axes; on aura

$$x = OQ = x_1 + x'', \quad y = PQ = y_1 + y'', \quad z = mP = z_1 + z'.$$

Il faut exprimer x'', y'', z'' en x', y', z'; nous appellerons θ l'angle de l'axe des z' avec le prolongement de celui des z'', et φ l'angle de l'axe des x' avec celui des x''. Soient p la projection de m sur le plan des $x''y''$, et p' celle sur le plan des $x'y'$; menons pq perpendiculaire à $M\,x'$ et joignons $p'q$, qui sera aussi perpendiculaire à $M\,x'$; menons qq' perpendiculaire à $M\,x''$, et pp'' perpendiculaire à ce même axe; menons qp''' parallèle à l'axe $M\,x''$, jusqu'à la rencontre de pp'''; par p', menons $p'i'$ parallèle à pq et prolongeons pm en i : nous aurons

$$M p'' = x'' = M q' + q' p'' = x \cos \varphi + pq \sin \varphi,$$
$$pp'' = y'' = pp''' - p'' p''' = - x \sin \varphi + pq \cos \varphi,$$
$$pq = ii' = i' p' - ip' = y' \cos \theta - z' \sin \theta,$$
$$mp = z'' = pi - mi = q'i' - mi = y' \sin \theta - z' \cos \theta.$$

Donc
$$x'' = x' \cos \varphi + y' \cos \theta \sin \varphi - z' \sin \theta \sin \varphi,$$
$$y'' = - x' \sin \varphi + y' \cos \theta \cos \varphi - z' \sin \theta \cos \varphi,$$
$$z'' = y' \sin \theta - z' \cos \theta;$$

et, par conséquent,

$$x = x_1 + x' \cos \varphi + y' \cos \theta \sin \varphi - z' \sin \theta \sin \varphi,$$
$$y = y_1 - x' \sin \varphi + y' \cos \theta \cos \varphi - z' \sin \theta \cos \varphi,$$
$$z = z_1 + y' \sin \theta - z' \cos \theta.$$

2. Nous mettrons ces valeurs dans l'équation

$$x^2 + y^2 + z^2 - a^2 - 2 \alpha a^2 u = 0,$$

et l'on aura, toute réduction faite,

$$\left. \begin{aligned}
&x'^2 + y'^2 + z'^2 + 2 x' (x_1 \cos \varphi - y_1 \sin \varphi) \\
&+ 2 y' [\cos \theta (x_1 \sin \varphi + y_1 \cos \varphi) - z_1 \sin \theta] \\
&- 2 z' [\sin \theta (x_1 \sin \varphi + y_1 \cos \varphi) + z_1 \cos \theta] \\
&+ 2 \alpha a^2 (u_1 - u
\end{aligned} \right\} = 0.$$

Mettons pour x_1, y_1, z_1 leurs valeurs; nous aurons

$$\begin{aligned}
(a) \quad 0 = \quad & x'^2 + y'^2 + z'^2 + 2 a x' \sqrt{1 - \mu^2} (\cos \omega_1 \cos \varphi - \sin \omega_1 \sin \varphi) \\
& + 2 a y' [\sqrt{1 - \mu^2} . \cos \theta (\cos \omega_1 \sin \varphi + \sin \omega_1 \cos \varphi) - \mu_1 \sin \theta] \\
& - 2 a z' [\sqrt{1 - \mu^2} . \sin \theta (\cos \omega_1 \sin \varphi + \sin \omega_1 \cos \varphi) + \mu_1 \cos \theta] \\
& + 2 \alpha a u_1 \left\{ \begin{aligned}
& x' \sqrt{1 - \mu^2} (\cos \omega_1 \cos \varphi - \sin \omega_1 \sin \varphi) \\
& + y' [\sqrt{1 - \mu^2} \cos \theta (\cos \omega_1 \sin \varphi + \sin \omega_1 \cos \varphi) - \mu_1 \sin \theta] \\
& - z' [\sqrt{1 - \mu^2} . \sin \theta (\cos \omega_1 \sin \varphi + \sin \omega_1 \cos \varphi) + \mu_1 \cos \theta]
\end{aligned} \right. \\
& + 2 \alpha a^2 (u_1 - u).
\end{aligned}$$

3. Il faut maintenant chercher les expressions des sinus et cosinus des angles φ et θ en fonction de R_1; μ_1 et $\sin \omega_1$ et $\cos \omega_1$; nous chercherons d'abord ces expressions en fonction de x_1, y_1, z_1.

$u' = 0$ étant l'équation de la surface du sphéroïde, et θ étant l'angle de la normale au point x_1, y_1, z_1 avec l'axe des z, on a, par une formule connue, en faisant

$$\lambda = \left[\left(\frac{du'}{dx}\right)^2 + \left(\frac{du'}{dy}\right)^2 + \left(\frac{du'}{dz}\right)^2 \right]^{-\frac{1}{2}},$$

$$\cos \theta = \lambda \frac{du'}{dz},$$

où il faudra mettre x_1, y_1, z_1 pour x, y, z. Cherchons maintenant $\sin \varphi$ et $\cos \varphi$.

$M x'$ est l'intersection du plan tangent en m avec le plan des $x'' y''$; le premier a pour équation

$$(x - x_1) \frac{du'}{dx} + (y - y_1) \frac{du'}{dy} + (z - z_1) \frac{du'}{dz} = 0,$$

et le second,

$$z - z_1 = 0.$$

L'équation de la projection de $M x'$ sur le plan des xy sera donc

$$(x - x_1) \frac{du'}{dx} + (y - y_1) \frac{du'}{dy} = 0;$$

φ est l'angle de cette projection avec l'axe des x; on a donc

$$\tan \varphi = \frac{y}{x} = - \frac{\dfrac{du'}{dx}}{\dfrac{du'}{dy}}:$$

d'où

$$\sin \varphi = \frac{du'}{dx} \left[\left(\frac{du'}{dx}\right)^2 + \left(\frac{du'}{dy}\right)^2 \right]^{-\frac{1}{2}},$$

et

$$\cos \varphi = \frac{du'}{dy}\left[\left(\frac{du'}{dy}\right)^2 + \left(\frac{du'}{dy}\right)^2\right]^{-\frac{1}{2}}.$$

Il est clair qu'il faut mettre x_1, y_1, z_1 pour x, y, z, après les différentiations.

4. Reprenons l'équation

$$u' = x^2 + y^2 + z^2 - 2\alpha a^2 u' - a^2 = 0;$$

d'où

$$\frac{du'}{dx} = 2\left(x - \alpha a^2 \frac{du}{dx}\right), \quad \frac{du'}{dy} = 2\left(y - \alpha a^2 \frac{du}{dy}\right), \quad \frac{du'}{dz} = 2z;$$

d'où

$$\lambda = \frac{1}{2\sqrt{x^2 + y^2 + z^2}}\left[1 + \alpha a^2 \frac{\left(x\frac{du}{dx} + y\frac{du}{dy}\right)}{x^2 + y^2 + z^2}\right]$$

$$= \frac{1}{2R}\left[1 + \alpha\left(x\frac{du}{dx} + y\frac{du}{dy}\right)\right],$$

et

$$\left[\left(\frac{du}{dx}\right)^2 + \left(\frac{du}{dy}\right)^2\right]^{-\frac{1}{2}} = \frac{1}{2R\sqrt{1 - \mu^2}}\left[1 + \alpha\frac{x\frac{du}{dx} + y\frac{du}{dy}}{1 - \mu^2}\right].$$

Dans les valeurs de x, y qui entrent dans u, il faudra supprimer les termes affectés de α; on a

$$\frac{du}{dx} = \frac{du}{d\mu} \cdot \frac{d\mu}{dx} + \frac{du}{d\omega} \cdot \frac{d\omega}{dx}.$$

Mais on a

$$(6)\quad\begin{cases}\dfrac{d\mu}{dx} = -\dfrac{\cos\omega\sqrt{1 - \mu^2}}{\mu a}, \quad \dfrac{d\mu}{dy} = -\dfrac{\sin\omega\sqrt{1 - \mu^2}}{\mu a}, \\[4mm] \dfrac{d\omega}{dx} = -\dfrac{\sin\omega}{a\sqrt{1 - \mu^2}}, \quad \dfrac{d\omega}{dy} = +\dfrac{\cos\omega}{a\sqrt{1 - \mu^2}}: \end{cases}$$

on a donc

$$\frac{du}{dx} = -\frac{\cos\omega\sqrt{1-\mu^2}}{\mu\,a}\cdot\frac{du}{d\mu} - \frac{\sin\omega}{a\sqrt{1-\mu^2}}\cdot\frac{du}{d\omega}$$

et

$$\frac{du}{dy} = -\frac{\sin\omega\sqrt{1-\mu^2}}{\mu\,a}\cdot\frac{du}{d\mu} + \frac{\cos\omega}{a\sqrt{1-\mu^2}}\cdot\frac{du}{d\omega};$$

d'où

$$x\frac{du}{dx} + y\frac{du}{dy} = -\frac{1-\mu^2}{\mu}\cdot\frac{du}{d\mu}$$

et

$$\lambda = \frac{1}{2\,a}\left[1 - \alpha u - \alpha\frac{(1-\mu^2)}{\mu}\cdot\frac{du}{d\mu}\right],$$

et

$$\left[\left(\frac{du}{dx}\right)^2 + \left(\frac{du}{dy}\right)^2\right]^{-\frac{1}{2}} = \frac{1}{2\,a\sqrt{1-\mu^2}}\left|1 - \alpha u - \alpha\frac{1}{\mu}\frac{du}{d\mu}\right|.$$

On trouve de même

$$\frac{du'}{dx} = 2\,a\left[\begin{array}{l}(1+\alpha u)\cos\omega\sqrt{1-\mu^2} \\[1ex] + \alpha\left(\cos\omega\frac{\sqrt{1-\mu^2}}{\mu}\frac{du}{d\mu} + \frac{\sin\omega}{\sqrt{1-\mu^2}}\cdot\frac{du}{d\omega}\right)\end{array}\right];$$

$$\frac{du'}{dy} = 2\,a\left[\begin{array}{l}(1+\alpha u)\sin\omega\sqrt{1-\mu^2} \\[1ex] + \alpha\left(\sin\omega\frac{\sqrt{1-\mu^2}}{\mu}\cdot\frac{du}{d\mu} - \frac{\cos\omega}{\sqrt{1-\mu^2}}\cdot\frac{du}{d\omega}\right)\end{array}\right].$$

On arrive facilement ensuite aux expressions

$$\sin\theta = \sqrt{1-\mu^2}\left(1+\alpha\mu\frac{du}{d\mu}\right), \quad \cos\theta = \mu\left(1-\alpha\frac{1-\mu^2}{\mu}\cdot\frac{du}{d\mu}\right),$$

$$\sin\varphi = \cos\omega + \alpha\frac{\sin\omega}{1-\mu^2}\cdot\frac{du}{d\omega}, \quad \cos\varphi = \sin\omega - \alpha\frac{\cos\omega}{1-\mu^2}\cdot\frac{du}{d\omega}.$$

5. Considérons l'équation (a) du n° 2, et remarquons que dans les termes affectés de α il faut faire

$$\sin\theta = \sqrt{1-\mu_1^2}, \quad \cos\theta = \mu_1, \quad \sin\varphi = \cos\omega_1, \quad \text{et} \quad \cos\varphi = \sin\omega_1.$$

et que, par les valeurs complètes de sinus et cosinus de θ et φ, les termes de leurs expressions indépendants de α se détruisent dans les termes indépendants de α de l'équation (a), à l'exception de ceux multipliés par z'; nous trouverons

$$x'^2 + y'^2 + z'^2 - 2az' - 2\alpha a u_1 z' - 2\alpha a x' \cdot \frac{1}{\sqrt{1-\mu^2}} \cdot \frac{du}{d\omega}$$

$$- 2\alpha a y' \sqrt{1-\mu^2} \cdot \frac{du}{d\omega} + 2\alpha a^2 (u_1 - u) = 0;$$

u est fonction de x, y, et il est ce que devient u_1 lorsque l'on y fait croître x_1 de

$$(x' \cos \varphi + y' \cos \theta \sin \varphi - z' \sin \theta \sin \varphi),$$

et y_1 de

$$(- x' \sin \varphi + y' \cos \theta \cos \varphi - z' \sin \theta \cos \varphi);$$

on aura donc, en n'ayant égard qu'aux première et deuxième puissances de x', y', et à la première puissance de z',

$$u - u_1 = \frac{du_1}{dx_1} (x' \cos \varphi + y' \cos \theta \sin \varphi - z' \sin \theta \sin \varphi)$$

$$+ \frac{du_1}{dy_1} (- x' \sin \varphi + y' \cos \theta \cos \varphi - z' \sin \theta \cos \varphi)$$

$$+ \frac{1}{2} \frac{d^2 u_1}{dx_1^2} (x'^2 \cos^2 \varphi + y'^2 \cos^2 \theta \sin^2 \varphi + 2 x'y' \cos \theta \sin \varphi \cos \varphi)$$

$$+ \frac{1}{2} \frac{d^2 u_1}{dy_1^2} (x'^2 \sin^2 \varphi + y'^2 \cos^2 \theta \cos^2 \varphi - 2 x'y' \cos \theta \sin \varphi \cos \varphi)$$

$$+ \frac{d^2 u_1}{dx_1 \, dy_1} \left[\begin{array}{l} (- x'^2 \sin \varphi \cos \varphi + y'^2 \cos^2 \theta \sin \varphi \cos \varphi \\ - x'y' \cos \theta (\sin^2 \varphi - \cos^2 \varphi) \end{array} \right].$$

Je remarquerai qu'au point M, le plan des $x'y'$ étant tangent à la surface, les différentielles de z' relatives à x', y' doivent être nulles pour $x' = 0$, $y' = 0$, ce qui exige que les termes de l'équation précédente du sphéroïde, multipliés par les premières puissances de x' et y', disparaissent, en sorte que leur somme doit être nulle, et que lorsqu'on aura mis dans cette équation pour $u_1 - u$ sa valeur ci-dessus, elle deviendra

$$x'^2 + y'^2 + z'^2 - 2az'(1 + \alpha u) - \alpha a^2 \left\{ \begin{aligned} &\frac{d^2 u_1}{dx_1^2}\left(\begin{aligned} &x'^2 \cos^2\varphi + y'^2 \cos^2\theta \sin^2\varphi \\ &+ 2x'y' \cos\theta \sin\varphi \cos\varphi \end{aligned} \right) \\ &+ \frac{d^2 u_1}{dy_1^2}\left(\begin{aligned} &x'^2 \sin^2\varphi + y'^2 \cos^2\theta \cos^2\varphi \\ &- 2x'y' \cos\theta \sin\varphi \cos\varphi \end{aligned} \right) \\ &+ 2\frac{d^2 u_1}{dx_1\,dy_1}\left[\begin{aligned} &- x'^2 \sin\varphi \cos\varphi \\ &+ y'^2 \cos^2\theta \sin\varphi \cos\varphi \\ &- x'y' \cos\theta(\sin^2\varphi - \cos^2\varphi) \end{aligned} \right] \\ &+ 2z'\left(\frac{du_1}{dx_1}\sin\theta \sin\varphi + \frac{du_1}{dy_1}\sin\theta \cos\varphi \right) \end{aligned} \right\} = 0.$$

Dans cette équation, il faudra remplacer $\cos\varphi$ par $\sin\omega_1$ et $\sin\varphi$ par $\cos\omega_1$, $\cos\theta$ par μ_1 et $\sin\theta$ par $\sqrt{1-\mu_1^2}$; on aura aussi

$$\sin\theta\left(\frac{du_1}{dx_1}\sin\varphi + \frac{du_1}{dy_1}\cos\varphi \right) = - \frac{1-\mu_1^2}{a\,\mu_1}\cdot\frac{du_1}{d\mu_1} :$$

et cette équation deviendra

$$0 = \left\{ \begin{aligned} &x'^2 + y'^2 - 2az'\left(1 + \alpha u_1 + \alpha\frac{1-\mu_1^2}{\mu_1}\cdot\frac{du_1}{d\mu_1} \right) \\ &- \alpha a^2 y'^2 \mu_1^2 \left(\cos^2\omega_1\frac{d^2 u_1}{dx_1^2} + \frac{d^2 u_1}{dy_1^2}\sin^2\omega_1 + 2\sin\omega_1\cos\omega_1\frac{d^2 u_1}{dx_1\,dy_1} \right) \\ &- \alpha a^2 x'^2 \left(\sin^2\omega_1\frac{d^2 u_1}{dx_1^2} + \cos^2\omega_1\frac{d^2 u_1}{dy_1^2} - 2\sin\omega_1\cos\omega_1\frac{d^2 u_1}{dx_1\,dy_1} \right) \\ &+ 2\alpha a^2 x'y'\left[\mu_1\sin\omega_1\cos\omega_1\left(\frac{d^2 u_1}{dy_1^2} - \frac{d^2 u_1}{dx_1^2} \right) + \mu_1\left(\cos^2\omega_1 - \sin^2\omega_1\frac{d^2 u_1}{dx_1\,dy_1} \right) \right] \end{aligned} \right\}.$$

Il restera à exprimer en μ_1 et ω_1 les coefficients différentiels du deuxième ordre de u_1, relatifs à x_1, y_1, z_1.

6. On a

$$\frac{du}{dx} = \frac{du}{d\mu}\cdot\frac{d\mu}{dx} + \frac{du}{d\omega}\cdot\frac{d\omega}{dx}, \qquad \frac{du}{dy} = \frac{du}{d\mu}\cdot\frac{d\mu}{dy} + \frac{du}{d\omega}\cdot\frac{d\omega}{dy} :$$

on en tire

$$\frac{d^2 u}{dx^2} = \frac{du}{d\mu} \cdot \frac{d^2 \mu}{dx^2} + \frac{du}{d\omega} \cdot \frac{d^2 \omega}{dx^2} + \frac{d^2 u}{d\mu^2} \cdot \frac{d\mu^2}{dx^2}$$
$$+ \frac{d^2 u}{d\omega^2} \cdot \frac{d\omega^2}{dx^2} + 2 \frac{d^2 u}{d\mu \, d\omega} \cdot \frac{d\omega}{dx} \cdot \frac{d\mu}{dx},$$

$$\frac{d^2 u}{dy^2} = \frac{du}{d\mu} \cdot \frac{d^2 \mu}{dy^2} + \frac{du}{d\omega} \cdot \frac{d^2 \omega}{dy^2} + \frac{d^2 u}{d\mu^2} \cdot \frac{d\mu^2}{dy^2}$$
$$+ \frac{d^2 u}{d\omega^2} \cdot \frac{d\omega^2}{dy^2} + 2 \frac{d^2 u}{d\mu \, d\omega} \cdot \frac{d\omega}{dy} \cdot \frac{d\mu}{dy};$$

$$\frac{d^2 u}{dx \, dy} = \frac{du}{d\mu} \cdot \frac{d^2 \mu}{dx \, dy} + \frac{du}{d\omega} \cdot \frac{d^2 \omega}{dx \, dy} + \frac{d^2 u}{d\mu^2} \cdot \frac{d\mu}{dx} \cdot \frac{d\mu}{dy}$$
$$+ \frac{d^2 u}{d\omega^2} \cdot \frac{d\omega}{dx} \cdot \frac{d\omega}{dy} + \frac{d^2 u}{d\mu \, d\omega} \left(\frac{d\mu}{dx} \cdot \frac{d\omega}{dy} + \frac{d\mu}{dy} \cdot \frac{d\omega}{dx} \right).$$

Les équations (b), n° 4, donnent

$$\frac{d^2 \mu}{dx^2} = - \frac{\cos^2 \omega + \mu^2 \sin^2 \omega}{\mu^3 a^2}, \qquad \frac{d^2 \omega}{dx^2} = \frac{2 \sin \omega \cos \omega}{a^2 (1 - \mu^2)},$$

$$\frac{d^2 \mu}{dy^2} = - \frac{\sin^2 \omega + \mu^2 \cos^2 \omega}{\mu^3 a^2}, \qquad \frac{d^2 \omega}{dy^2} = - \frac{2 \sin \omega \cos \omega}{a^2 (1 - \mu^2)},$$

$$\frac{d^2 \mu}{dx \, dy} = - \frac{\sin \omega \cos \omega (1 - \mu^2)}{a^2 \mu^3}, \qquad \frac{d^2 \omega}{dx \, dy} = \frac{\sin^2 \omega - \cos^2 \omega}{a^2 (1 - \mu^2)}.$$

Considérons la dernière équation obtenue pour le sphéroïde.

Le coefficient de $\alpha a^2 y'^2 \mu^2$ sera de la forme

$$A \frac{du}{d\mu} + B \frac{du}{d\omega} + C \frac{d^2 u}{d\mu^2} + D \frac{d^2 u}{d\omega^2} + E \frac{d^2 u}{d\mu \, d\omega} :$$

celui de $\alpha a^2 x'^2$ sera de la forme

$$A' \frac{du}{d\mu} + B' \frac{du}{d\omega} + C' \frac{d^2 u}{d\mu^2} + D' \frac{d^2 u}{d\omega^2} + E' \frac{d^2 u}{d\mu \, d\omega} :$$

celui de $2 \alpha a^2 x' y'$ sera de la forme

$$A'' \frac{du}{d\mu} + B'' \frac{du}{d\omega} + C'' \frac{d^2 u}{d\mu^2} + D'' \frac{d^2 u}{d\omega^2} + E'' \frac{d^2 u}{d\mu \, d\omega} .$$

Au moyen des différentes équations ci-devant, on trouve sans peine

$$A = -\frac{1}{a^2 \mu^3}, \quad B = 0, \quad C = \frac{1-\mu^2}{a^2 \mu^2}, \quad D = 0, \quad E = 0,$$

$$A' = -\frac{1}{a^2 \mu}, \quad B' = 0, \quad C' = 0, \quad D' = \frac{1}{a^2(1-\mu^2)}, \quad E' = 0,$$

$$A'' = 0, \quad B'' = \frac{\mu}{a^2(1-\mu^2)}, \quad C'' = 0, \quad D'' = 0, \quad E'' = -\frac{1}{a^2}.$$

D'après ces valeurs, l'équation du sphéroïde deviendra, en y supprimant les accents, ce qui est maintenant sans inconvénient, et en y remplaçant x' et y' par leurs valeurs, savoir,

$$x' = r \sin \tau, \quad y' = r \cos \tau,$$

τ étant l'angle que fait, avec l'axe des y', la projection sur le plan des $x'y'$ du rayon vecteur Mm, et r étant la longueur de la projection de ce rayon,

$$0 = r^2 - 2az'\left(1 + \alpha u + \alpha \cdot \frac{1-\mu^2}{\mu} \cdot \frac{du}{d\mu}\right)$$
$$+ \alpha r^2 \left[\frac{1}{\mu} \cdot \frac{du}{d\mu} - \cos^2\tau\left(1 - \mu^2 \cdot \frac{d^2u}{d\mu^2} - \frac{\sin^2\tau}{1-\mu^2} \cdot \frac{d^2u}{d\omega^2}\right) - 2\sin\tau\cos\tau\left(\frac{\mu}{1-\mu^2}\frac{du}{d\omega} + \frac{d^2u}{d\mu\,d\omega}\right) \right];$$

d'où l'on tire

$$(1) \quad z' = \frac{r^2}{2a}\left\{ 1 - \alpha\left(u - \mu\frac{du}{d\mu}\right) - \alpha\left[\frac{\sin^2\tau}{1-\mu^2} \cdot \frac{d^2u}{d\omega^2} + \cos^2\tau(1-\mu^2)\frac{d^2u}{d\mu^2} + 2\sin\tau\cos\tau\left(\frac{\mu}{1-\mu^2} \cdot \frac{du}{d\omega} + \frac{d^2u}{d\mu\,d\omega}\right) \right] \right\}.$$

Telle sera l'équation du paraboloïde osculateur au point du sphéroïde (μ, ω), l'équation de ce sphéroïde étant $R = a(1 + \alpha u)$, u étant fonction de μ et ω.

7. Si le sphéroïde était de révolution autour de l'axe des

pôles, u ne serait alors fonction que de μ; on aurait

$$\frac{du}{d\omega} = 0, \quad \frac{d^2 u}{d\omega} = 0, \quad \frac{d^2 u}{d\mu \, d\omega} = 0,$$

et l'équation du paraboloïde osculateur deviendra

$$z' = \frac{r^2}{2\,a} \left\{ 1 - \alpha \left(u - \mu\,\frac{du}{d\mu} \right) - \alpha \left[\cos^2\tau \,(1 - \mu^2)\frac{d^2 u}{d\mu^2} \right] \right\}.$$

Si l'on représente l'équation du paraboloïde par

$$z' = \frac{r^2}{2\,a} \left[1 + \alpha \,(k + l \sin^2\tau + m \cos^2\tau + n \sin\tau \cos\tau) \right],$$

on aura, dans le cas du sphéroïde de révolution,

$$l = 0, \quad n = 0.$$

Ces deux conditions se réduisent à une seule, $n = 0$, parce que, ainsi qu'il est facile de le voir, les trois constantes k, l, m se réduisent à deux $(k + l)$, $(k + m)$.

8. Nous allons résoudre ici une question qui nous sera utile par la suite.

Étant donné le paraboloïde elliptique

$$z = \frac{r^2}{2\,a} \left[1 + \alpha (k + l \sin^2\tau + m \cos^2\tau + n \sin\tau \cos\tau) \right],$$

calculer les éléments du paraboloïde elliptique osculateur à un point quelconque du premier. Nous désignerons par k', l', m', n' les constantes cherchées, en sorte que le paraboloïde osculateur aura pour équation

$$z' = \frac{r'^2}{2\,a} \left[1 + \alpha (k' + l' \sin^2\tau + m' \cos^2\tau + n' \sin\tau \cos\tau) \right]$$

Soient O (*fig.* 2) le sommet du premier paraboloïde, et Oz son axe; soient Ox l'axe à partir duquel est compté l'angle τ, et Oy l'axe perpendiculaire à Ox; soient m le sommet du deuxième paraboloïde, p sa projection sur le plan des xy : nous ferons

$$mp = z, \quad Op = r, \quad pOx = \tau \quad \text{et} \quad x = r\cos\tau, \quad y = r\sin\tau.$$

Nous avons, en faisant, pour abréger,

$$T = k + l\sin^2\tau + m\cos^2\tau + n\sin\tau\cos\tau,$$

$$z = \frac{r^2}{2a}(1 + \alpha T) = \frac{x^2 + y^2}{2a}(1 + \alpha T);$$

d'où

$$2az - x^2 - y^2 = \alpha T(x^2 + y^2).$$

Soit $OO' = a$; par O' menons $O'X$ et $O'Y$ parallèles à Ox et Oy; soit n la projection de m sur le plan des XY, et soit $mn = z'$; nous aurons $z + z' = a$, et en ajoutant z'^2, supposé insensible, on a

$$x^2 + y^2 + z^2 - 2az = -\alpha T(x^2 + y^2).$$

Mais

$$z' = a - z,$$

d'où

$$z^2 - 2az = z'^2 - a^2;$$

donc, en faisant $x^2 + y^2 + z'^2 = R^2$, on a

$$R = a\left(1 - \alpha T \frac{x^2 + y^2}{2a^2}\right),$$

qu'on pourra regarder comme l'équation d'un sphéroïde peu différent de la sphère, dans une petite étendue autour du point O. En comparant cette formule avec celle

$$R = a(1 + \alpha u),$$

on trouve

$$u = -\frac{(x^2 + y^2)T}{2a^2}.$$

Dans la formule $R = a(1 + \alpha u)$, u est fonction de l'angle ω que fait avec l'axe des x la projection du rayon vecteur R sur le plan des xy et de l'angle dont u est le cosinus et qui est celui que fait avec l'axe des z le rayon vecteur R.

Dans le cas considéré, l'angle dont μ est le cosinus sera $mO'O$, et l'on aura

$$\mu = \cos(mO'O) = \sin(mO'u) = \frac{z'}{R} = \frac{a-z}{a},$$

en négligeant les termes en α.

L'angle ω sera l'angle $\tau = pOx$, en sorte que l'on aura

$$x = R\sqrt{1-\mu^2}\cos\tau, \qquad y = R\sqrt{1-\mu^2}\sin\tau, \quad z' = \mu.R,$$

et en négligeant les termes en α, on a

$$x^2 + y^2 = a^2(1-\mu^2);$$

donc l'équation ci-dessus devient

$$R = a\left[1 - \alpha\frac{(1-\mu^2)}{2}(k + l\sin^2\tau + m\cos^2\tau + n\sin\tau\cos\tau)\right];$$

et, en faisant

$$u = \tfrac{1}{2}(1-\mu^2)(k + l\sin^2\tau + m\cos^2\tau + n\sin\tau\cos\tau),$$

on aura

$$k' = +\left(u - \mu\frac{du}{d\mu}\right), \quad l' = +\frac{1}{1-\mu^2}\frac{d^2u}{d\tau^2},$$

$$m' = +(1-\mu^2)\frac{d^2u}{d\mu^2}, \quad n' = +2\left(\frac{\mu}{1-\mu^2}\frac{du}{d\tau} + \frac{d^2u}{d\mu\,d\tau}\right).$$

Il reste à effectuer les différences indiquées.

Nous aurons

$$\frac{du}{d\mu} = -\mu(k + l\sin^2\tau + m\cos^2\tau + n\sin\tau\cos\tau),$$

$$\frac{d^2u}{d\mu^2} = -(k + l\sin^2\tau + m\cos^2\tau + n\sin\tau\cos\tau),$$

$$\frac{du}{d\tau} = \frac{1-\mu^2}{2}[(l-m)\sin 2\tau + n\cos 2\tau],$$

$$\frac{d^2u}{d\tau\,d\mu} = -\mu[(l-m)\sin 2\tau + n\cos 2\tau],$$

$$\frac{d^2u}{d\tau^2} = (1-\mu^2)[(l-m)\cos 2\tau - n\sin 2\tau];$$

nous en déduirons :

$$k' = \frac{1 + \mu^2}{2} \left(k + l \sin^2 \tau + m \cos^2 \tau + n \sin \tau \cos \tau \right),$$

$$l' = (l - m) \cos 2\tau - n \sin 2\tau,$$

$$m' = - (1 - \mu^2)(k + l \sin^2 \tau + m \cos^2 \tau + n \sin \tau \cos \tau),$$

$$n' = - \mu \left[(l - m) \sin 2\tau + n \cos 2\tau \right];$$

on a

$$\mu = \frac{a - z}{a} = 1 - \frac{z}{a} \cdot$$

Mais

$$\frac{z}{a} = \frac{r'}{2\,a^2},$$

aux termes près en α; nous verrons que l'on peut négliger les termes du deuxième ordre, relativement à $\frac{r}{a}$, lorsqu'ils sont multipliés par α; on pourra donc faire, dans les formules ci-dessus, $\mu = 1$, ce qui donne :

$$k' = k + l \sin^2 \tau + m \cos^2 \tau + n \sin \tau \cos \tau,$$

$$l' = (l - m) \cos 2\tau - n \sin 2\tau,$$

$$m' = 0,$$

$$n' = - (l - m) \sin 2\tau - n \cos 2\tau.$$

Telles seront les valeurs des constantes contenues dans l'équation du paraboloïde osculateur au point (z, τ) du paraboloïde elliptique $z = \frac{r^2}{2\,a} (1 + \alpha' \Gamma)$.

9. Je remarquerai que l'angle τ de celui-ci est compté à partir de l'intersection du plan tangent à son sommet avec le plan mené par l'axe parallèlement à l'axe de la Terre, tandis que, dans le paraboloïde osculateur, l'angle τ' sera compté à partir de l'intersection du plan tangent à son sommet avec le plan mené par son axe parallèlement à l'axe du premier paraboloïde. Mais, comme cet angle τ' doit, comme τ, se compter à partir de la ligne d'intersection

du plan tangent au sommet du paraboloïde osculateur avec
le plan mené par son axe parallèlement à l'axe de la Terre,
nous allons calculer l'angle de cette intersection avec la
ligne à partir de laquelle l'angle τ' se compte d'après nos
formules ci-dessus.

Soient m (*fig.* 3) le sommet du paraboloïde $z = \dfrac{r^2}{2\,a}(1 + \alpha T)$,
mn son axe, mt une parallèle à l'axe de la Terre, et ms l'intersection du plan tangent en m avec le plan nmt; l'angle τ
se compte à partir de cette ligne ms. Soit m' le point appartenant à ce paraboloïde, et qui sera le sommet du parabo-
loïde osculateur $z' = \dfrac{r'^2}{2\,a}(1 + \alpha T')$; soit $m'n'$ l'axe de ce
paraboloïde, $m't'$ une parallèle à mt, et $m's'$ l'intersection
du plan tangent en m' avec le plan $n'm't'$; soit $m'v$ l'intersection du même plan tangent avec le plan mené par
$m'n'$ parallèlement à mn. C'est l'angle $s'm'v$ qu'il s'agit
de calculer. Cet angle est le même que celui que forment
entre eux les plans $n''mt$ et nmn'', mn'' étant une parallèle
à $m'n'$ menée par m.

Considérant le paraboloïde $z = \dfrac{r^2}{2\,a}(1 + \alpha T)$, dont m est
le sommet, on a

$$r^2 = x^2 + y^2, \quad x = r\cos\tau, \quad y = r\sin\tau,$$

ms étant l'axe des x. Les équations de la normale $m'n'$, rapportées aux axes des x, y, z, sont

$$x' - x + p(z' - z) = 0, \quad y' - y + q(z' - z) = 0;$$

en faisant

$$dz = p\,dx + q\,dy,$$

les équations de mn'' seront donc

$$x' + pz' = 0, \quad y' + qz' = 0.$$

Le plan mené par l'axe des z et par mn'' aura donc pour

équation

$$y' - \frac{q}{p}\, x' = 0,$$

et, en comparant à

$$A\, x' + B\, y' + C\, z' = 0,$$

on aura

$$C = 0, \quad B = p, \quad A = -q.$$

La latitude de m sur le sphéroïde terrestre étant ψ, on aura

$$t'ms = \psi,$$

et l'on trouvera, pour l'équation du plan $n''mt$,

$$\tan\psi \cdot q \cdot x' - (1 + p \tan\psi)\, y' - qz' = 0,$$

et, en comparant à

$$A'x' + B'y' + C'z' = 0,$$

on a

$$A' = q \tan\psi, \quad B' = -(1 + p \tan\psi), \quad C' = -q.$$

Maintenant, V étant l'angle des plans

$$A\, x' + B\, y' + C\, z' = 0, \quad A'x' + B'y' + C'z' = 0,$$

on sait que l'on a

$$\cos V = -\frac{AA' + BB' + CC'}{\sqrt{(A^2 + B^2 + C^2)(A'^2 + B'^2 + C'^2)}};$$

nous aurons donc, en désignant par λ l'angle cherché,

$$\cos\lambda = +\frac{p + \tan\psi\,(p^2 + q^2)}{\sqrt{(p^2 + q^2)\,[1 + 2p \tan\psi + q^2 + (p^2 + q^2)\tan^2\psi]}};$$

l'angle λ devant entrer dans une expression affectée de α, il faudra, dans son expression, négliger les termes en α, ce qui donne

$$p = \frac{r}{a}\cos\tau, \quad q = \frac{r}{a}\sin\tau;$$

d'où

$$p^2 + q^2 = \frac{r^2}{a^2},$$

et

$$\cos \lambda = \frac{\cos \tau + \dfrac{r}{a} \tang \psi}{\sqrt{1 + 2 \dfrac{r}{a} \cos \tau \tang \psi + \dfrac{r^2}{a^2} \sin^2 \tau + \dfrac{r^2}{a^2} \tang^2 \psi}},$$

et, en négligeant les termes du second ordre en $\dfrac{r}{a}$, on aura

$$\cos \lambda = + \left(\cos \tau + \frac{r}{a} \sin^2 \tau \tang \psi \right).$$

10. Soit m'' (*fig.* 3) le point du paraboloïde dont $m'n'$ est l'axe, et soient r' et τ' les coordonnées de ce point; en menant par m', $m'n_1$ parallèle à mn, on verra que l'on aura

$$v'm'p = \tau',$$

$m'v'$ étant le prolongement de $m'v$. Nous ferons

$$pm's' = \tau_1,$$

et, comme $s'm'v = \lambda$, nous aurons

$$\tau' + \tau_1 - \lambda = 200^g;$$

d'où

$$\tau' = 200^g - (\tau_1 - \lambda),$$

et

$$\sin \tau' = \sin \tau_1 \cos \lambda - \sin \lambda \cos \tau_1,$$

$$\cos \tau' = - \cos \tau_1 \cos \lambda - \sin \tau_1 \sin \lambda.$$

Dans l'expression $l' \sin^2 \tau' + m' \cos^2 \tau' + n' \sin \tau' \cos \tau'$, nous remplacerons $\sin^2 \tau'$, $\cos^2 \tau'$, $\sin \tau' \cos \tau'$ par leurs valeurs en τ_1 et λ, et nous nommerons l_1, m_1, n_1 les coefficients de $\sin^2 \tau_1$, $\cos^2 \tau_1$, $\sin \tau_1 \cos \tau_1$, du résultat.

On trouve ainsi, en se rappelant que $m' = 0$,

$$l_1 = l' \cos^2 \lambda - n' \sin \lambda \cos \lambda,$$
$$m_1 = l' \sin^2 \lambda + n' \sin \lambda \cos \lambda,$$
$$n_1 = - l' \sin^2 \lambda - n' \cos 2 \lambda;$$

on a trouvé

$$\cos \lambda = \cos \tau \left(1 + \frac{r}{a} \frac{\sin^2 \tau}{\cos \tau} \, \mathrm{tang}\, \psi \right),$$

d'où

$$\sin \lambda = \sin \tau \left(1 - \frac{r}{a} \cos \tau \, \mathrm{tang}\, \psi \right),$$

et

$$\cos^2 \lambda = \cos^2 \tau \left(1 + 2 \frac{r}{a} \frac{\sin^2 \tau}{\cos \tau} \, \mathrm{tang}\, \psi \right),$$
$$\sin^2 \lambda = \sin^2 \tau \left(1 - 2 \frac{r}{a} \cos \tau \, \mathrm{tang}\, \psi \right);$$

on a aussi

$$l' = (l - m) \cos 2 \tau - n \sin 2 \tau,$$
$$n' = - (l - m) \sin 2 \tau - n \cos 2 \tau.$$

Effectuant les calculs, on trouve

$$l_1 = (l - m) \cos^2 \tau - n \sin \tau \cos \tau - \frac{r}{a} n \, \mathrm{tang}\, \psi \sin \tau,$$

$$m_1 = - (l - m) \sin^2 \tau - n \sin \tau \cos \tau + \frac{r}{a} n \, \mathrm{tang}\, \psi \sin \tau,$$

$$n_1 = n + 2 \frac{r}{a} (l - m) \sin \tau \, \mathrm{tang}\, \psi.$$

A ces valeurs nous joindrons celle déjà trouvée pour k', qui ne change pas, puisque dans l'expression de z' elle n'est pas multipliée par les sinus et cosinus de τ'; on aura donc

$$k_1 = k + l \sin^2 \tau + m \cos^2 \tau + n \sin \tau \cos \tau.$$

L'équation

$$z' = \frac{r'^2}{2a} \left[1 + \alpha \left(k_1 + l_1 \sin^2 \tau_1 + m_1 \cos^2 \tau_1 + n_1 \sin \tau_1 \cos \tau_1 \right) \right]$$

sera donc celle du paraboloïde osculateur au point (r, τ) du paraboloïde $z = \dfrac{r^2}{2a}(1 + \alpha\, T)$, l'angle τ_1 étant rapporté comme l'angle τ à l'intersection du plan méridien et du plan tangent au sommet du paraboloïde.

11. Cette expression peut se simplifier en remarquant que le terme $n \sin \tau \cos \tau$ de k_1 disparaît parce que l'on a

$$l_1 \sin^2 \tau_1 + m_1 \cos^2 \tau_1 = (l - m) \cos^2 \tau \sin^2 \tau_1 - (l - m) \sin^2 \tau \cos^2 \tau_1$$
$$- n \sin \tau \cos \tau - n \frac{r}{a} \sin \tau \, \operatorname{tang} \psi \, (\sin^2 \tau_1 - \cos^2 \tau_1);$$

en sorte que l'on a seulement

$$z' = \frac{r^2}{2a}\left\{1 + \alpha\left\{\begin{array}{l} k + l \sin^2\tau + m \cos^2 \tau + \left[(l-m)\cos^2\tau - \dfrac{r}{a} n \cdot \sin\tau \operatorname{tang}\psi\right]\sin^2\tau_1 \\[2mm] - \left[(l-m)\sin^2\tau - \dfrac{r}{a} n \sin\tau \operatorname{tang}\psi\right]\cos^2\tau_1 \\[2mm] + \left[n + 2\dfrac{r}{a}(l-m)\operatorname{tang}\psi \sin\tau\right]\sin\tau_1 \cos\tau_1 \end{array}\right\}\right\};$$

en sorte que l'on aura en définitive, et aux quantités près de l'ordre $\dfrac{r^2}{a^2}$,

$$(2)\quad \left\{\begin{array}{l} k_1 = k + l \sin^2\tau + m \cos^2\tau, \\[2mm] l_1 = (l - m)\cos^2\tau - \dfrac{r}{a} n \operatorname{tang}\psi \sin\tau, \\[2mm] m_1 = -\left[(l - m)\sin^2\tau - \dfrac{r}{a} n \operatorname{tang}\psi \sin\tau\right], \\[2mm] n_1 = n + 2\dfrac{r}{a}(l - m)\sin\tau \operatorname{tang}\psi. \end{array}\right.$$

CHAPITRE II.

12. Soit $dz = p\,dx + q\,dy$ l'équation différentielle de la surface du paraboloïde osculateur à la surface du globe dont l'équation est $z = \dfrac{r^2}{2a}(1 + \alpha T)$.

Tous les points de la surface de ce paraboloïde pour lesquels z^2 pourra être négligé, pourront être regardés comme appartenant à la surface du globe.

Soit m (*fig.* 4) un de ces points, M étant le sommet du paraboloïde, $y\,Mx$ étant le plan tangent; Mz normale à la surface du globe est l'axe du paraboloïde, MN est une parallèle à l'axe de la Terre qui est supposée dans le plan des zx. Soit ψ_1 la latitude de M; nous aurons

$$z\,MN = 100^c - \psi_1.$$

Soit P la projection de m sur le plan des xy; nous aurons

$$MP = r, \quad mP = z, \quad x\,MP = \tau.$$

Soient mt la normale au paraboloïde en m, et mn une parallèle à l'axe du globe MN; soit ψ la latitude de m: nous aurons

$$t\,m\,n = 100^c - \psi.$$

La différence de longitude de m et M est l'angle que font entre eux les plans des méridiens célestes menés par ces points, c'est-à-dire l'angle des plans tmn et $z\,MN$.

13. Nous allons déterminer les différences de latitude et de longitude de M et de m en fonction de la latitude de M et des coordonnées de m.

Les angles de mt avec les axes des x, y, z ont pour cosinus

$$\frac{-p}{\sqrt{1 + p^2 + q^2}}, \quad \frac{-q}{\sqrt{1 + p^2 + q^2}}, \quad \frac{+1}{\sqrt{1 + p^2 + q^2}},$$

et ceux de mn avec les mêmes axes ont pour cosinus

$$\cos \psi_1, \quad \text{zéro}, \quad \sin \psi_1;$$

on aura donc

$$(3) \qquad \sin \psi = \cos tmn = \frac{\sin \psi_1 - p \cos \psi_1}{\sqrt{1 + p^2 + q^2}}.$$

14. Soit η la différence de longitude de m et de M; calculons $\cos \eta$.

Les équations de mt sont

$$(x' - x) + p(z' - z) = 0, \quad (y' - y) + q(z' - z) = 0,$$

et une parallèle à cette droite menée par M aura pour équations

$$x' + pz' = 0, \quad y' + qz' = 0;$$

la droite MN a pour équations

$$y' = 0, \quad z' = x' \tang \psi_1.$$

Soit $Ax' + By' + Cz' = 0$ l'équation du plan mené par ces deux droites; on aura par les formules connues, η étant l'angle de ce plan avec celui des zx,

$$\cos \eta = \frac{B}{\sqrt{A^2 + B^2 + C^2}};$$

mais on trouve facilement

$$A = -C \tang \psi_1 \quad \text{et} \quad B = \frac{1 + p \tang \psi_1}{q} \cdot C,$$

donc on aura

$$(4) \quad \cos \eta = \frac{1 + p \tang \psi_1}{\sqrt{(p^2 + q^2) \tang^2 \psi_1 + 1 + q^2 + 2 p \tang \psi_1}}.$$

15. Nous avons

$$z = \frac{r^2}{2a}(1 + \alpha T) \quad \text{et} \quad T = k + l \sin^2 \tau + m \cos^2 \tau + n \sin \tau \cos \tau;$$

on aura

$$\frac{dz}{dr} = \frac{r}{a}(1 + \alpha T),$$

$$\frac{dz}{d\tau} = \alpha \frac{r^2}{a}\left[(\sin \tau \cos \tau)(l - m) + \tfrac{1}{2} n (\cos^2 \tau - \sin^2 \tau)\right].$$

On a aussi

$$\frac{dz}{dx}\,dx + \frac{dz}{dy}\,dy = \frac{dz}{dr}\,dr + \frac{dz}{d\tau}\,d\tau.$$

Les équations

$$x = r\cos\tau, \quad y = r\sin\tau,$$

donnent

$$x^2 + y^2 = r^2, \quad \tang\,\tau = \frac{y}{x},$$

d'où

$$dr = \frac{x\,dx + y\,dy}{r}, \quad d\tau = \cos^2\tau\,.\,\frac{x\,dy - y\,dx}{x^2}:$$

donc

$$\frac{dz}{dx}\,dx + \frac{dz}{dy}\,dy = \frac{dz}{dr}\cdot\frac{x\,dx + y\,dy}{r} + \frac{dz}{d\tau}\cdot\cos^2\tau\,.\,\frac{x\,dy - y\,dx}{x^2},$$

et, en égalant les coefficients de dx et dy de chaque membre, on a

$$p = \frac{dz}{dx} = \cos\tau\,.\,\frac{dz}{dr} - \frac{\sin\tau}{r}\cdot\frac{dz}{d\tau},$$

$$q = \frac{dz}{dy} = \sin\tau\,.\,\frac{dz}{dr} + \frac{\cos\tau}{r}\cdot\frac{dz}{d\tau}:$$

et, en remettant pour $\dfrac{dz}{dr}$ et $\dfrac{dz}{d\tau}$ leurs valeurs ci-dessus, on a

$$(5) \quad \begin{cases} p = \dfrac{r}{a}\cos\tau\left[1 + \alpha(k+m) + \alpha\,\dfrac{n}{2}\tang\,\tau\right], \\[2ex] q = \dfrac{r}{a}\sin\tau\left[1 + \alpha(k+l) + \alpha\,\dfrac{n}{2}\cot\tau\right]. \end{cases}$$

16. Je remarque ici que si l'on supposait $\dfrac{r}{a} = \dfrac{1}{30}$, ce qui donnerait à l'amplitude de l'arc terrestre compris entre zéro et r, la valeur d'à peu près 2 degrés sexagésimaux, on aura

$$\frac{r^2}{a^2} = \frac{1}{2700o}.$$

on poura donc négliger les termes multipliés par $\dfrac{r^3}{a^3}$, lorsqu'ils ne devront pas avoir a pour facteur : néanmoins, dans les développements qui suivront, nous aurons égard à la troisième puissance de $\dfrac{r}{a}$, et seulement à la deuxième puissance de ce rapport lorsqu'il aura pour facteur α.

17. Écrivons
$$\sin \psi = \lambda (\sin \psi_1 - p \cos \psi_1),$$
en faisant
$$\lambda = (1 + p^2 + q^2)^{-\frac{1}{2}};$$
on aura
$$\lambda = 1 - \tfrac{1}{2}(p^2 + q^2), \quad \lambda^2 = 1 - (p^2 + q^2).$$

Soit $\psi - \psi_1 = \varepsilon$, on a
$$\sin \varepsilon = \sin \psi \cos \psi_1 - \sin \psi_1 \cos \psi,$$
et
$$\sin \varepsilon = (\sin \psi_1 - p \cos \psi_1) \lambda \cos \psi_1 - \sin \psi_1 \sqrt{1 - \lambda^2 (\sin \psi_1 - p \cos \psi_1)^2};$$
mettons pour λ sa valeur, on trouve, en développant,
$$\cos \psi_1 (\sin \psi_1 - p \cos \psi_1) \lambda = \sin \psi_1 \cos \psi_1 - p \cos^2 \psi_1$$
$$- \tfrac{1}{2} \sin \psi_1 \cos \psi_1 (p^2 + q^2) + \tfrac{1}{2} (p^2 + q^2) p \cos^2 \psi_1;$$

on trouve de même
$$\sqrt{1 - \lambda^2 (\sin \psi_1 - p \cos \psi_1)^2}$$
$$- \cos \psi_1 \left[\begin{array}{l} 1 + p \dfrac{\sin \psi_1}{\cos \psi_1} - \dfrac{p^2}{2} + \dfrac{q^2}{2} \dfrac{\sin^2 \psi_1}{\cos^2 \psi_1} \\[2ex] - \dfrac{pq^2}{2} \dfrac{\sin \psi_1 (1 + \cos^2 \psi_1)}{\cos \psi_1 \cos^2 \psi_1} - \dfrac{p^3}{2} \dfrac{\sin \psi_1}{\cos \psi_1} \end{array} \right].$$

On aura donc
$$\sin \varepsilon = - p - \dfrac{q^2}{2} \operatorname{tang} \psi_1 + \dfrac{p^3}{2} + \dfrac{pq^2}{2 \cos^2 \psi_1}.$$

Les équations (5) donnent, à l'approximation convenue,

$$q^2 = \frac{r^2}{a^2} \sin^2 \tau \left[1 + 2\alpha\,(k + l) + \alpha n \cot \tau \right],$$

$$p^3 = \frac{r^3}{a^3} \cos^3 \tau,$$

$$pq^2 = \frac{r^3}{a^3} \sin^2 \tau \cos \tau;$$

d'où

$$(6) \quad \sin \varepsilon = -\frac{r}{a} \cos \tau \left\{ \begin{array}{l} 1 + \alpha\left(k + m + \dfrac{n}{2}\,\mathrm{tang}\,\tau\right) \\[2mm] + \dfrac{r}{a}\,\dfrac{\mathrm{tang}\,\psi_1 \sin^2 \tau}{2\cos \tau}\left[1 + \alpha^2\,(k + l + n \cot \tau)\right] \\[2mm] - \dfrac{r^2}{a^2}\,\dfrac{(1 + \sin^2 \tau\,\mathrm{tang}^2\psi_1)}{2} \end{array} \right\}.$$

18. Nous écrirons, pour abréger, $\dfrac{r}{a} = \rho$, et nous déduirons de l'équation (6) ε en fonction de ρ et ρ en fonction de ε.

En négligeant d'abord la troisième puissance de ε et de $\dfrac{r}{a}$, et la deuxième puissance de $\dfrac{r}{a}$ ou ρ multipliée par α, on a

$$\varepsilon = -\rho \cos \tau \left[1 + \alpha\left(k + m + \frac{n}{2}\,\mathrm{tang}\,\tau\right) + \rho\,\frac{\mathrm{tang}\,\psi_1 \sin^2 \tau}{2\cos \tau} \right].$$

Désignons par ε_1 cette valeur, et faisons $\varepsilon = \varepsilon_1\,(1 + x)$; x sera de l'ordre de ρ^2, on devra donc négliger son carré et son produit par $\alpha\rho$. On trouve, en mettant cette valeur de ε dans l'équation (6),

$$x = \rho \left\{ \begin{array}{l} \dfrac{\mathrm{tang}\,\psi_1 \sin^2 \tau}{2\cos \tau}\left[2\,(k + l) + n \cot \tau\right] \\[2mm] - \dfrac{\rho}{2}\left(1 + \sin^2 \tau\,\mathrm{tang}^2\psi_1 - \dfrac{\cos^2 \tau}{3}\right) \end{array} \right\}.$$

on aura donc enfin

$$(7)\quad \varepsilon r = -\rho\cos\tau \left\{ \begin{array}{l} 1 + \alpha\left(k + m + \dfrac{n}{2}\tang\tau\right) \\[1.2em] + \rho\,\dfrac{\tang\psi_1\sin^2\tau}{2\cos\tau}\left\{1 + \alpha[2(k+l)+n\cot\tau]\right\} \\[1.2em] - \dfrac{\rho^2}{2}\left(1 + \sin^2\tau\,\tang^2\psi_1 - \dfrac{\cos^2\tau}{3}\right) \end{array} \right\}.$$

On déduira de la même manière, de l'équation (6),

$$(8)\quad \frac{r}{a} = -\frac{\varepsilon}{\cos\tau}\left\{ \begin{array}{l} 1 - \alpha\left(k + m + \dfrac{n}{2}\tang\tau\right) \\[1.2em] + \varepsilon\,\dfrac{\tang\psi_1\tang^2\tau}{2}\left[1 - \alpha\left(2k+3m-l+\dfrac{n}{2}\dfrac{3\tang^2\tau-1}{\tang\tau}\right)\right] \\[1.2em] + \varepsilon^2\left(\tfrac{1}{3} + \tfrac{1}{2}\tang^2\psi_1\,\tang^2\tau_1\right) \end{array} \right\}.$$

19. Reprenons l'équation (4); on en tire

$$\sin\eta = \frac{1}{\cos\psi_1}\,q\left(1 + 2p\,\tang\psi_1 + p^2\tang^2\psi_1 + \frac{q^2}{\cos^2\psi_1}\right)^{-\frac{1}{2}};$$

et, en développant,

$$\sin\eta = \frac{1}{\cos\psi_1}\,q\left(1 - p\,\tang\psi_1 + p^2\tang^2\psi_1 - \frac{q^2}{2\cos^2\psi_1}\right),$$

et, en mettant pour p et q leurs valeurs, on obtient

$$\sin\eta = \frac{\sin\tau}{\cos\psi_1}\left\{ \begin{array}{l} \dfrac{r}{a}\left[1 + \alpha\left(k + l + \dfrac{n}{2}\cot\tau\right)\right] \\[1.2em] - \dfrac{r^2}{a^2}\cos\tau\,\tang\psi_1\left[1 + \alpha\left(2k+m+l+\dfrac{n}{\sin 2\tau}\right)\right] \\[1.2em] + \dfrac{r^3}{a^3}\cdot\dfrac{(2\cos^2\tau\sin^2\psi_1 - \sin^2\tau)}{2\cos^2\psi_1} \end{array} \right\}.$$

De cette équation on tirera

$$(9)\quad \eta = \frac{\sin\tau}{\cos\psi_1}\cdot\frac{r}{a}\left\{ \begin{array}{l} 1 + \alpha\left(k + l + \dfrac{n}{2}\cot\tau\right) \\[1.2em] - \dfrac{r}{a}\cos\tau\,\tang\psi_1\left[1 + \alpha\left(2k+m+l+\dfrac{n}{\sin 2\tau}\right)\right] \\[1.2em] - \dfrac{r^2}{a^2}\cdot\dfrac{\cos^2\tau\sin^2\psi_1 - \tfrac{1}{3}\sin^2\tau}{\cos^2\psi_1} \end{array} \right\},$$

$$(10) \quad \frac{r}{a} = \eta \frac{\cos \psi_i}{\sin \tau} \left\{ \begin{array}{l} 1 - \alpha \left(k + l + \dfrac{n}{2} \cot \tau \right) \\[2mm] + \eta \dfrac{\sin \psi_i}{\tan \tau} \left[1 - \alpha \left(k + 2l - m + \dfrac{n}{2} \cdot \dfrac{2 - \tan^2 \tau}{\tan \tau} \right) \right] \\[2mm] + \eta^2 \left(\dfrac{1}{3} + \dfrac{\sin^2 \psi_i}{\tan^2 \tau} \right) \end{array} \right\}.$$

20. Nous ferons ici une remarque importante sur les formules (7), (8), (9) et (10); $\frac{r}{a}$, par sa nature, est toujours positif; d'un autre côté, l'angle ψ_i sera toujours compris entre les limites 0^G et 100^G, 0^G et -100^G. Donc $\cos \psi_i$ sera toujours positif; nous en déduirons :

1°. Que ε et $\cos \tau$ devront être de signes contraires ; et pour cela, comme τ prend toutes les valeurs possibles de 0^G à 400^G, il faut que, lorsque ε sera positif, c'est-à-dire lorsque le point considéré aura une latitude supérieure à celle du sommet du paraboloïde, l'angle τ se compte à partir de la partie méridionale de l'intersection du plan tangent avec le plan méridien : il en sera de même lorsque ε sera négatif;

2°. Que η et $\sin \tau$ devront toujours être du même signe, en sorte que l'angle τ doit se compter dans le sens dans lequel se comptent les longitudes.

21. Nous allons donner l'expression de l'angle τ, en fonction de ε et η. Nous remarquerons, avant de rechercher cette expression, que les grandes triangulations géodésiques exécutées en France ont été dirigées, soit dans le sens du méridien, soit dans le sens du parallèle, en sorte que l'angle τ sera ou très-petit, ou peu différent de l'angle droit, ce qui permettra, dans les applications, de simplifier les formules.

22. Nous égalerons ensemble les valeurs de $\frac{r}{a}$ données par les équations (8) et (10); nous aurons ainsi une équation entre τ, ε et η, et en faisant $\eta = \sigma \varepsilon$, on en tirera, par

la méthode des approximations successives, aux quantités près de l'ordre ε^3 et $\alpha \varepsilon^2$, exclusivement, la formule

$$\operatorname{tang} \tau = -\sigma \cos \psi_1 \left\{ \begin{array}{l} 1 + \alpha \left(m - l + \dfrac{n}{2} \dfrac{1 - \sigma^2 \cos^2 \psi_1}{\sigma \cos \psi_1} \right) - \varepsilon \operatorname{tang} \psi_1 \left(1 + \dfrac{\sigma^2 \cos^2 \psi_1}{2} \right) \\[2ex] + \alpha \varepsilon \operatorname{tang} \psi_1 \left[(l-m) + \tfrac{3}{4} 4 \, \sigma \cos \psi_1 + (k + 2l - m + n) \dfrac{\sigma^2 \cos^2 \psi_1}{2} \right. \\[2ex] + \varepsilon^2 . \dfrac{\sigma^2 \sin^2 \psi_1}{2} \left(1 + \dfrac{3 \sigma^2 \cos^2 \psi_1}{2} \right) - \varepsilon^2 \left(1 - \dfrac{\sigma^2}{3} \right) \end{array} \right.$$

23. Exprimons la longueur de l'arc qui sépare les deux points considérés, en fonction du rapport $\dfrac{r}{a}$, cet arc étant considéré comme l'intersection du paraboloïde par un plan mené par son axe et par l'autre point dont r et τ sont les coordonnées ; soit S la longueur de cet arc, on a généralement

$$ds = \sqrt{dx^2 + dy^2 + dz^2} \, ;$$

l'angle ψ étant supposé constant, on a ici

$$dx^2 + dy^2 + dz^2 = dr^2 \left[1 + \dfrac{r^2}{a^2} (1 + 2 \alpha \, \mathrm{T}) \right].$$

En développant, on a

$$\sqrt{1 + \dfrac{r^2}{a^2} (1 + 2 \alpha \, \mathrm{T})} = 1 + \dfrac{r^2}{2 a^2} + \alpha \dfrac{r^2}{a^2} \mathrm{T} \, ;$$

donc

$$ds = \int \left(dr + \dfrac{r^2}{2 a^2} dr + \alpha \, \mathrm{T} \dfrac{r^2}{2 a^2} dr \right) ;$$

et en intégrant et remarquant que l'on a en même temps

$$\mathrm{S} = 0, \quad \dfrac{r}{a} = 0,$$

on trouve

$$\dfrac{s}{a} = \dfrac{r}{a} + \dfrac{r^3}{6 a^3} + \alpha \dfrac{r^3}{6 a^3} \mathrm{T},$$

et en négligeant le dernier terme,

$$(15) \qquad \dfrac{s}{a} = \dfrac{r}{a} + \dfrac{r^3}{6 a^3} .$$

On aurait, au même degré d'approximation,

$$(16) \qquad \frac{r}{a} = \frac{s}{a} - \frac{s^3}{6\,a^3}.$$

24. Au moyen des équations (15), (16), de celles (7), (8), (9) et (10), données dans les n°s 17, 18 et 19, on obtient les quatre formules ci-après :

$$\varepsilon = -\frac{s}{a}\cos\tau \left\{ \begin{aligned} &1 + \alpha\left(k + m + \frac{n}{2}\operatorname{tang}\tau\right) \\ &+ \frac{s}{a}\,\frac{\operatorname{tang}\psi_1\,\sin^2\tau}{2\cos\tau}\cdot\left\{1 + \alpha\left[2(k+l)+n\cot\tau\right]\right\} \\ &- \frac{s^2}{2\,a^2}\left[1 + \sin^2\tau\left(\tfrac{1}{3}+\operatorname{tang}^2\psi_1\right)\right] \end{aligned}\right\},$$

$$\frac{s}{a} = -\frac{\varepsilon}{\cos\tau}\left\{ \begin{aligned} &1 - \alpha\left(k + m + \frac{n}{2}\operatorname{tang}\tau\right) \\ &+ \varepsilon\,\frac{\operatorname{tang}\psi_1\,\sin^2\tau}{2}\left[1 - \alpha\left(2k+3m-l+\frac{n}{2}\frac{3\operatorname{tang}^2\tau-1}{\operatorname{tang}\tau}\right)\right] \\ &+ \varepsilon^2\left[\tfrac{1}{2}+\frac{\operatorname{tang}^2\tau}{2}\left(\tfrac{1}{3}+\operatorname{tang}^2\psi_1\right)\right] \end{aligned}\right\},$$

$$n = \frac{\sin\tau}{\cos\psi_1}\cdot\frac{s}{a}\left\{ \begin{aligned} &1 + \alpha\left(u + k + \frac{n}{2}\cot\tau\right) \\ &- \frac{s}{a}\cos\tau\,\operatorname{tang}\psi_1\left[1 + \alpha\left(2k+m+l+\frac{n}{\sin 2\tau}\right)\right] \\ &+ \frac{s^2}{a^2}\left(\cos^2\tau\,\operatorname{tang}^2\psi_1 - \tfrac{1}{2}\frac{\sin^2\tau}{\cos^2\psi_1} - \tfrac{1}{6}\right) \end{aligned}\right\},$$

$$\frac{s}{a} = n\,\frac{\cos\psi_1}{\sin\tau}\left\{ \begin{aligned} &1 - \alpha\left(k + l + \frac{n\cot\tau}{2}\right) \\ &+ n\,\frac{\sin\psi_1}{\operatorname{tang}\tau}\left[1 - \alpha\left(k+2l-m+\frac{n}{2}\frac{2-\operatorname{tang}^2\tau}{\operatorname{tang}\tau}\right)\right] \\ &+ n^2\left(\tfrac{1}{3}+\frac{\sin^2\psi_1}{\operatorname{tang}^2\tau}+\frac{\cos^2\psi_1}{6\sin^2\tau}\right) \end{aligned}\right\}.$$

CHAPITRE III.

25. Dans le chapitre précédent, nous avons supposé les deux points considérés de la surface du globe, dont l'un était le sommet du paraboloïde osculateur, et l'autre un point pouvant être regardé comme appartenant à ce paraboloïde, joints par un arc tracé sur la surface du paraboloïde par le plan mené par l'axe; mais il n'en est point ainsi en réalité.

Deux points quelconques de la surface du globe ne peuvent être joints, par les opérations que l'on peut exécuter sur cette surface, que par une ligne d'une nature particulière et à laquelle on a donné le nom de *ligne géodésique*. Cette ligne jouit de plusieurs propriétés, entre autres de celle d'être la ligne la plus courte tracée sur la surface du globe qui puisse être menée entre deux points de cette surface. Elle a encore cette propriété, au moyen de laquelle nous trouverons ses équations, c'est que ses plans osculateurs sont normaux à la surface du globe, aux points par lesquels ils sont menés.

Si le paraboloïde considéré était de révolution, c'est-à-dire si l'on avait $\alpha = o$, l'arc s du chapitre précédent appartiendrait à une ligne géodésique, et l'angle τ, qui serait l'angle du plan normal mené par son premier élément, avec le plan méridien de ce point, serait l'angle azimutal, ou simplement l'azimut de cet élément; mais l'arc s diffère et diffère très-peu de l'arc géodésique joignant les deux points considérés, puisque α n'est pas nul, mais est très-petit. L'azimut du premier élément de cette ligne géodésique que nous désignerons par Z, sera donc très-peu différent de τ, et nous donnerons l'expression de la petite différence de ces arcs. Quant à la longueur de l'arc s, nous verrons qu'aux quantités près de l'ordre α^2, elle est la même que celle de l'arc géodésique, en sorte qu'elle pourra être prise pour cette longueur.

Dans ce chapitre, nous donnerons aussi l'expression de l'azimut du dernier élément de l'arc géodésique considéré, et pour cela nous emploierons les formules (2), données à la fin du chapitre 1er.

26. Nous allons donner les équations générales d'une ligne géodésique. Soit $dz = pdx + qdy$ l'équation de la surface du globe.

L'équation du plan osculateur au point x, y, z, de la ligne géodésique, x', y', z' étant les coordonnées courantes de ce plan, est

$$(x' - x)(dy\, d^2z - dz\, d^2y) + (y' - y)(dz\, d^2x - dx\, d^2z)$$
$$+ (z' - z)(dx\, d^2y - dy\, d^2x) = 0;$$

les équations de la normale au point x, y, z du sphéroïde sont

$$(x' - x) + p(z' - z) = 0, \qquad (y' - y) + q(z' - z) = 0.$$

Il faut exprimer que cette normale est dans le plan osculateur. Pour cela, on tirera de ses équations les valeurs de $(x' - x)$ et de $(y' - y)$, on les substituera dans l'équation du plan osculateur; $(z' - z)$ disparaîtra, et l'équation qui en résultera ne contiendra plus que les coordonnées des points de la ligne géodésique; elle sera donc une des équations de cette ligne, et pour autre équation on aura

$$dz = pdx + qdy.$$

On a
$$p(dy\, d^2z - dz\, d^2y) + q(dz\, d^2x - dx\, d^2z)$$
$$+ (dy\, d^2x - dx\, d^2y) = 0;$$
d'où
$$d\cdot\frac{dy}{dx} - p\frac{dy^2}{dx^2}d\cdot\frac{dz}{dy} + q\, d\cdot\frac{dz}{dx} = 0.$$

3

Éliminant p au moyen de l'équation

$$dz = p\,dx + q\,dy,$$

et remarquant que

$$ds^2 = dx^2 + dy^2 + dz^2,$$

on aura

$$d \cdot \frac{dy}{ds} + q \cdot d \cdot \frac{dz}{ds} = 0,$$

et, en supposant ds constant, on a

$$d^2y + q\,d^2z = 0.$$

Au lieu d'éliminer p, on eût pu éliminer q, et l'on serait parvenu à l'équation

$$d^2x + p\,d^2z = 0.$$

Éliminant d^2z entre ces deux équations, on obtient

$$p\,d^2y - q\,d^2x = 0,$$

et, en réunissant ces équations, on a

$$d^2y + q\,d^2z = 0,$$
$$d^2x + p\,d^2z = 0,$$
$$p\,d^2y - q\,d^2x = 0,$$

qui appartiendront à la ligne géodésique.

27. Considérons la dernière de ces équations, et prenons l'équation du paraboloïde $z = \dfrac{r^2}{2a}(1 + \alpha T)$, on a

$$x = r\cos\tau, \quad y = r\sin\tau;$$

d'où

$$p = \frac{x}{a} - \alpha \cdot \frac{dT}{d\tau} \cdot \frac{y}{2a}, \quad q = \frac{y}{a} + \alpha \cdot \frac{dT}{d\tau} \cdot \frac{x}{2a} :$$

d'où

$$p\,d^2y - q\,d^2x = \frac{x\,d^2y - y\,d^2x}{a} - \alpha \frac{dT}{d\tau} \cdot \frac{y\,d^2y + x\,d^2x}{2a} :$$

l'équation géodésique considérée deviendra

$$x\,d^2y - y\,d^2x = \alpha\,\tfrac{1}{2}\,(y\,d^2y + x\,d^2x)\,\frac{dT}{d\tau}.$$

Reprenons les autres équations géodésiques, et multiplions la première par y, la seconde par x, et ajoutons les résultats, après avoir mis pour p et q leurs valeurs, dont on aura supprimé les termes affectés de α; on aura

$$y\,d^2y + x\,d^2x + \frac{1}{a}\,d^2z\,(x^2 + y^2) = 0,$$

d'où

$$q\,d^2y + x\,d^2x = -\frac{r^2}{a}\,d^2z;$$

d'ailleurs

$$x\,d^2y - y\,d^2x = d\,(x\,dy - y\,dx),$$

et les valeurs de x et y donnent

$$x\,dy - y\,dx = r^2\,d\tau;$$

donc

$$d\,.\,(r^2\,d\tau) = \alpha\,\frac{dT}{d\tau}\cdot\frac{r^2}{2\,a}\,d^2z,$$

ds étant la différentielle constante. Dans le second membre, qui est multiplié par α, on doit faire

$$z = \frac{r^2}{2\,a}:$$

on a

$$\frac{dz}{ds} = \frac{dz}{dr}\cdot\frac{dr}{ds}, \quad ds = dr\,\sqrt{1 + \frac{r^2}{a^2}};$$

d'où

$$\frac{dz}{ds} = \frac{1}{\sqrt{1 + \dfrac{r^2}{a^2}}};$$

donc

$$\frac{dz}{ds} = \frac{dz}{dr}\cdot\frac{1}{\sqrt{1 + \dfrac{r^2}{a^2}}};$$

d'où

$$\frac{d^2z}{ds^2} = \frac{1}{1+\frac{r^2}{a^2}} \cdot \frac{d^2z}{dr^2} - \frac{r}{a}\frac{1}{a\left(1+\frac{r^2}{a^2}\right)} \cdot \frac{dz}{dr}.$$

Mais

$$\frac{dz}{dr} = \frac{z}{a}, \quad \frac{d^2z}{dr^2} = \frac{1}{a};$$

donc

$$\frac{d^2z}{ds^2} = \frac{1}{a\left(1+\frac{r^2}{a^2}\right)} - \frac{r^2}{a^2} \cdot \frac{1}{a\left(1+\frac{r^2}{a^2}\right)^2}.$$

En développant et remarquant que $\frac{d^2z}{ds^2}$ est multiplié par $z\frac{r^2}{a^2}$ dans l'équation ci-dessus, et qu'en conséquence il ne faut conserver que son terme qui n'a pas $\frac{r}{a}$ pour facteur, on aura seulement

$$\frac{d^2z}{ds^2} = \frac{1}{a},$$

et, conséquemment,

$$\frac{d.\left(r^2 \cdot \frac{d\tau}{ds}ds\right)}{ds} ds = z\frac{dT}{d\tau} \cdot \frac{r^2}{2a^2} ds^2;$$

mais

$$ds^2 = dr^2 + \frac{r^2}{a^2} dr^2 + \ldots;$$

donc on pourra, dans le second membre, remplacer ds^2 par dr^2, et, en intégrant, on aura

$$r^2 \cdot \frac{d\tau}{ds} ds = \frac{\alpha}{2} \cdot \int \frac{dT}{d\tau} \cdot \frac{r^2}{a^2} dr^2.$$

Le second membre étant multiplié par α, on peut dans les intégrations y regarder τ comme constant, et sortir $\frac{dT}{d\tau}$

de dessous le signe f; on aura donc

$$r^2 . \frac{d\tau}{ds} \, ds = \alpha . \frac{1}{2\,a^2} . \frac{d\mathrm{T}}{d\tau} \, r^2 \, dr,$$

parce que r et s étant nuls ensemble, la constante arbitraire est nulle; on a donc

$$d\tau = \frac{\alpha}{6\,a^2} . \frac{d\mathrm{T}}{d\tau} . r \, dr.$$

La valeur initiale de τ est l'angle azimutal du premier élément de l'arc géodésique, tandis que la valeur entière de τ donnée par l'intégration de l'équation précédente est celle de l'angle τ des formules du chapitre précédent; on aura donc, en intégrant, et désignant par Z l'azimut du premier élément,

$$\tau = \mathrm{Z} + \alpha . \tfrac{1}{12} \frac{r^2}{a^2} . \frac{d\mathrm{T}}{d\tau};$$

nous aurons, d'après la valeur de T,

$$\frac{d\mathrm{T}}{d\tau} = (l - m) \sin 2\tau + n \cos 2\tau.$$

La différence entre Z et τ étant très-petite, et de l'ordre $\alpha \frac{r^2}{a^2}$, on peut, dans les termes multipliés par α, remplacer τ par Z; on aura donc

$$\tau = \mathrm{Z} + \frac{\alpha}{12} \frac{r^2}{a^2} [(l - m) \sin 2\mathrm{Z} + n \cos 2\mathrm{Z}],$$

et, en mettant $\frac{s}{a}$ au lieu de $\frac{r}{a}$,

$$\tau = \mathrm{Z} + \alpha . \tfrac{1}{12} . \frac{s^2}{a^2} [(l - m) \sin 2\mathrm{Z} + n \cos 2\mathrm{Z}].$$

28. Il est facile de voir que le second membre de cette équation est assez petit pour pouvoir être négligé, en sorte que l'on aura

$$\tau = \mathrm{Z}.$$

En effet, $\frac{s}{a}$ n'aura pas de valeur plus grande que $\frac{1}{30}$, le rayon a étant pris pour l'unité; α est à peu près égal à $\frac{1}{300}$, on aura donc

$$\alpha \cdot \frac{1}{12} \frac{s^2}{a^2} = \frac{1}{12.300.900} = \frac{1}{3.240.000},$$

et ce facteur rendra insensibles les termes qu'il multipliera.

29. Nous avons dit que l'arc s pouvait être pris pour la longueur de l'arc géodésique mené entre ses deux extrémités, et que cette supposition était exacte aux quantités près du second ordre relativement à α. En effet, soit ds l'élément de l'arc géodésique, on a

$$ds^2 = dx^2 + dy^2 + dz^2, \quad dx^2 + dy^2 = dr^2 + r^2 d\tau^2,$$

$$dz^2 = \frac{r^2}{a^2}(1 + 2\alpha T)\, dr^2 + \alpha \frac{r^3}{a^3} \cdot \frac{dT}{d\tau} \cdot d\tau\, dr;$$

donc

$$ds^2 = dr^2 \left[1 + \frac{r^2}{a^2}(1 + 2\alpha T) \right] + r^2 d\tau^2 + \alpha \frac{r^3}{a^3} \cdot \frac{dT}{d\tau}\, d\tau \cdot dr.$$

Nous avons trouvé

$$d\tau = \frac{\alpha}{6\,a^2} \cdot \frac{dT}{d\tau} \cdot r\, dr;$$

donc, en négligeant le carré de α,

$$ds = dr \sqrt{1 + \frac{r^2}{a^2}(1 + 2\alpha T)},$$

valeur trouvée pour l'élément de l'arc s qui entre dans nos formules.

30. Nous allons chercher l'expression de l'azimut du dernier élément de l'arc géodésique s.

Soient mm' (*fig.* 5) cet arc, mn la normale menée en m, $m'n'$ celle menée en m'; soient mt et $m't'$ les tangentes aux extrémités de l'arc s, menées dans le même sens; et soient ms et $m's'$ les traces des plans méridiens en m et m' sur les plans tangents en ces points : les azimuts en m et m' comptés dans le même sens seront les angles smt et $s'm't'$, les longitudes étant supposées se compter de l'ouest à l'est.

Nous avons vu que l'on pouvait supposer $smt = \tau$.

Nous concevrons un paraboloïde osculateur en m' au paraboloïde dont mn est l'axe, et nous désignerons par k_1, l_1, m_1, n_1 les éléments de ce paraboloïde osculateur, à la surface duquel nous supposerons que le point m se trouve; nous désignerons par τ_1 l'angle que fait avec le plan méridien en m' le plan mené par l'axe $m'n'$ et par le point m : τ_1 pourra être pris pour l'azimut du premier élément de l'arc géodésique tracé sur le paraboloïde, dont $m'n'$ est l'axe, et entre les points m' et m, et, comme nous supposerons que les deux paraboloïdes se confondent dans l'espace compris entre ces points, l'angle τ_1 sera aussi l'azimut du dernier élément de l'arc géodésique s, et, pour obtenir cet angle, il suffira de remplacer, dans la formule relative à τ,

$$\tau \text{ par } \tau_1, \quad \psi \text{ par } \psi_1 \quad \text{ou} \quad \psi + \varepsilon,$$

$$k, \ l, \ m, \ n \quad \text{par les valeurs de} \quad k_1, \ l_1, \ m_1, \ n_1,$$

données à la fin du chapitre Ier. Il faudra aussi changer les signes de η et de ε; mais, comme on a vu que l'angle τ devait se compter dans le même sens que la longitude, on verra facilement que nos formules en τ, modifiées comme on vient de le dire, donneront l'angle azimutal du dernier élément de la ligne géodésique, compté à partir du méridien, en sens contraire de l'angle τ; en sorte que l'on aura

$$\tau_1 = 400^g - s'm't'.$$

Cela posé, nous avons trouvé

$$\operatorname{tang}\tau = -\sigma\cos\psi_1\left\{\begin{array}{l} 1 + \alpha\left[m - l + \dfrac{n}{2}\dfrac{(1 - \sigma^2\cos^2\psi_1)}{\sigma\cos\psi_1}\right] \\[2ex] + \alpha\varepsilon\operatorname{tang}\psi_1\left[\begin{array}{l}(l - m) + \frac{3}{4}n\sigma\cos\psi_1 \\[1ex] + (k + 2l - m + n)\dfrac{\sigma^2\cos^2\psi_1}{2}\end{array}\right] \\[3ex] - \varepsilon\operatorname{tang}\psi_1\left(1 + \dfrac{\sigma^2\cos^2\psi_1}{2}\right) \\[2ex] + \varepsilon^2\left[\dfrac{\sigma^2 - 1}{3} + \dfrac{\sigma^2\sin^2\psi_1}{2}\left(1 + \frac{3}{2}\sigma^2\cos^2\psi_1\right)\right]\end{array}\right\}.$$

Nous aurons d'abord, d'après ce qui vient d'être dit,

$$\operatorname{táng}\tau_1 = -\sigma\cos(\psi_1 + \varepsilon)$$
$$- \alpha\sigma\cos(\psi_1 + \varepsilon)\left[m_1 - l_1 + \dfrac{n_1}{2}\dfrac{1 - \sigma^2\cos^2(\psi_1 + \varepsilon)}{\sigma\cos(\psi_1 + \varepsilon)}\right]$$
$$- \varepsilon\sigma\cos(\psi_1 + \varepsilon)\operatorname{tang}(\psi_1 + \varepsilon)\left[1 + \dfrac{\sigma^2\cos^2(\psi_1 + \varepsilon)}{2}\right]$$
$$+ \alpha\varepsilon\sigma\cos(\psi_1 + \varepsilon)\operatorname{tang}(\psi_1 + \varepsilon)\left[\begin{array}{l}l - m_1 + \frac{3}{4}n_1\sigma_1\cos\psi_1 \\[1ex] + (k_1 + 2l_1 - m_1 + n_1)\dfrac{\sigma^2\cos^2\psi_1}{2}\end{array}\right]$$
$$- \varepsilon^2\left[\dfrac{\sigma^2 - 1}{3} + \dfrac{\sigma^2\sin^2\psi_1}{2}\left(1 + \frac{3}{2}\sigma^2\cos^2\psi_1\right)\right]\sigma\cos\psi_1.$$

Nous avons

$$\cos(\psi_1 + \varepsilon) = \cos\psi_1\left(1 - \dfrac{\varepsilon^2}{2}\right) - \varepsilon\sin\psi_1,$$

aux quantités près du troisième ordre. Dans les termes de l'ordre ε et α, il faudra faire seulement

$$\cos(\psi_1 + \varepsilon) = \cos\psi_1(1 - \varepsilon\operatorname{tang}\psi_1),$$

$$\sin(\psi_1 + \varepsilon) = \sin\psi_1\left(1 + \dfrac{\varepsilon}{\operatorname{tang}\psi_1}\right).$$

Dans les termes de l'ordre $\alpha\varepsilon$ et ε^2, il faudra simplement faire

$$\psi_1 = \psi;$$

nous aurons, d'après cela,

$$\tan \tau_1 = -\,\sigma \cos \psi_1 + \varepsilon\,\sigma \sin \psi_1 + \frac{\varepsilon^2}{2} \cos \psi_1 \,.\, \sigma$$

$$-\alpha\,\sigma \cos \psi_1 (1 - \varepsilon \tan \psi_1)\left[m_1 - l_1 + \frac{n_1}{2}\,\frac{(1 - \sigma^2 \cos^2 \psi_1)(1 - 2\varepsilon \tan \psi_1)}{\sigma \cos \psi_1 (1 - 2\varepsilon \tan \psi_1)} \right]$$

$$-\varepsilon\,\sigma \sin \psi_1 \left(1 + \frac{\varepsilon}{\tan \psi_1} \right)\left[1 + \frac{\sigma^2 \cos^2 \psi_1}{2}(1 - 2\varepsilon \tan \psi_1) \right]$$

$$+\alpha\varepsilon \tan \psi_1 \cos \psi_1\,\sigma\left[l_1 - m_1 + \tfrac{3}{4} n_1 \sigma \cos \psi_1 + (k_1 + 2 l_1 - m_1 + n_1)\frac{\sigma^2 \cos^2 \psi_1}{2} \right]$$

$$-\varepsilon^2\left[\frac{\sigma^2 - 1}{3} + \frac{\sigma^2 \sin^2 \psi_1}{2}(1 + \tfrac{3}{2}\sigma^2 \cos^2 \psi_1) \right]\sigma \cos \psi_1$$

Les formules (2) de la fin du premier chapitre donnent

$$m_1 - l_1 = m - l, \quad n_1 = n + 2\rho(l - m)\tan \psi_1 \sin \tau;$$

comme n_1 est multiplié par α, il faudra y remplacer ρ

par $-\dfrac{\varepsilon}{\cos \tau}$ et aussi $\tan \tau$ par $-\sigma \cos \psi_1$, en sorte que l'on aura

$$n_1 = n \left(1 - 2\varepsilon\,\frac{l - m}{n}\,\sigma \sin \psi_1 \right).$$

Dans les termes de l'ordre $\alpha\varepsilon$, il faudra faire $n_1 = n$; on aura aussi

$$k_1 + 2 l_1 - m_1 + n_1 = k + 2 l - m + n.$$

Cela posé, on aura, en effectuant les développements, réduisant, ordonnant convenablement et mettant $\sigma \cos \psi_1$ en facteur commun,

$$b)\quad \tan \tau_1 = -\sigma \cos \psi_1 \left\{ \begin{aligned} &1 + \alpha\left[m - l + \frac{n}{2}\,\frac{(1 - \sigma^2 \cos^2 \psi_1)}{\sigma \cos \psi_1} + \varepsilon \tan \psi_1\,\frac{\sigma^2 \cos^2 \psi_1}{2} \right] \\ &-\alpha\varepsilon \tan \psi_1\left[l - m + \tfrac{1}{4} n \sigma \cos \psi_1 + \frac{\sigma^2 \cos^2 \psi_1}{2}\left(k + m - \frac{n}{2} \right) \right] \\ &+\varepsilon^2\left[\frac{1 - \sigma^2}{6} - \sigma^2 \cos^2 \psi_1 \left(1 + \frac{3\sigma^2 \sin^2 \psi_1}{4} \right) \right] \end{aligned} \right\}.$$

CHAPITRE IV.

31. Ce chapitre contiendra l'application des formules données dans les chapitres précédents. Ces formules contiennent quatre constantes indéterminées, lesquelles se réduisent à trois, $(k+l)$, $(k+m)$ et n.

En effet, on a

$$k + l\sin^2\tau + m\cos^2\tau + n\sin\tau\cos\tau$$
$$= (k+l)\sin^2\tau + (k+m)\cos^2\tau + n\sin\tau\cos\tau.$$

Il s'agira de déterminer numériquement ces trois constantes pour un point de la surface du globe considéré comme sommet du paraboloïde osculateur. Nous prendrons pour ce point Bourges, situé à peu près au centre de la France. Les données nécessaires seront prises dans la *Nouvelle Description géométrique de la France*, par le colonel Puissant.

Nous considérerons deux arcs géodésiques partant de Bourges : l'un dirigé à peu près dans le sens du méridien et allant aboutir au Panthéon, à Paris ; l'autre dirigé à peu près dans le sens de la perpendiculaire à la méridienne et allant aboutir à l'est, au signal de Breri.

Les observations astronomiques qui ont été effectuées nous donneront les latitudes et longitudes des extrémités de ces arcs, ainsi que les azimuts de leurs derniers éléments. Les mesures géodésiques nous donneront leurs longueurs.

32. Nous allons maintenant entrer dans quelques considérations qui indiqueront la méthode suivie pour déduire des résultats puisés dans l'ouvrage précité les longueurs des arcs et les azimuts de leurs derniers éléments.

Soient A et L les extrémités d'un arc géodésique, on les réunit par une chaîne de triangles ABC, BCD,…, GFL ; les côtés de ces triangles sont assez petits pour que chacun d'eux puisse être considéré comme entièrement situé dans le plan tangent à la surface du globe ; les opérations géodésiques donneront les éléments de tous ces triangles. Pour en déduire la longueur de la ligne la plus courte tracée sur la surface du globe entre A et L, on se rappellera qu'une des propriétés de cette ligne tracée sur une surface développable est de se développer en ligne droite, lorsqu'on développe la surface sur un plan. Nous supposerons donc que tous les triangles qui lient A et L sont rabattus sur un même plan en les faisant tourner autour de leurs côtés communs comme charnières ; ceci posé, en menant une ligne droite entre A et L, cette ligne sera la ligne de plus courte distance entre ces deux points, qui se trouve développée sur le plan commun de tous les triangles. Pour calculer AL, on projettera sur une ligne quelconque AX, dont la direction est connue, les lignes brisées ACDFL, ABEGL ; soient X et Y les coordonnées de L ; soient α, α_1, α_2,..., α_n les angles de $AC = l$, $CD = l_1$,..., $FL = l_n$, avec des parallèles à AX : on aura

$$X = l \cos \alpha + l_1 \cos \alpha_1 + l_2 \cos \alpha_2 + \ldots l_n \cos \alpha_n,$$

$$Y = l \sin \alpha + l_1 \sin \alpha_1 + l_2 \sin \alpha_2 + \ldots l_n \sin \alpha_n.$$

Pour vérification, on considérera aussi la ligne brisée ABEGL, et en faisant $AB = l$, $BE = l'_1$, ..., $GL = l'_n$, et désignons par α', α'_1, α'_2, ..., α'_n les angles de l', l'_1, l'_2, ... l'_n, avec des parallèles à AX ; on aura encore

$$X = l' \cos \alpha' + l'_1 \cos \alpha'_1 + \ldots + l'_n \cos \alpha'_n,$$

$$Y = l' \sin \alpha' + l'_1 \sin \alpha'_1 + \ldots + l'_n \sin \alpha'_n;$$

et S étant la longueur de l'arc AL, on aura

$$S = \sqrt{X^2 + Y^2}.$$

Si maintenant on suppose les triangles considérés comme

reployés sur la surface du globe, chacun dans son plan tangent, les éléments AI, LT des extrémités de la ligne géodésique AL continueront à faire les mêmes angles avec les côtés des triangles ABC, GLF, dans les plans desquels ils se trouvent. Il sera donc très-facile d'obtenir ces angles, car on aura

$$\text{IAC} = \text{IAX} - \text{CAX} \quad \text{et} \quad \text{tang IAX} = \frac{Y}{X}.$$

Si donc l'azimut du côté AC est connu, on en conclura l'azimut du premier élément AI.

On déterminera aussi facilement l'azimut du dernier élément de l'arc S.

33. Il arrivera généralement que l'azimut observé astronomiquement en A ne sera pas celui du côté AC, mais celui d'une autre direction AM, liée avec AC par des triangles AMN et ANC; on aura donc à ajouter ou à retrancher de l'azimut de AM la somme des angles MAN, NAC, angles dont les valeurs sont prises dans l'ouvrage précité. La remarque que je veux faire ici, c'est que tandis que dans le calcul des angles α, α', ..., on emploie les angles des triangles, corrigés de leurs erreurs sphériques, il faudra ici employer les angles MAN, NAC, tels qu'ils auront été observés, ce qui est évident, puisque les directions AM, AN, AC sont toutes dans un même plan horizontal, et que tous les angles observés sont des angles horizontaux.

34. Considérons la chaîne des triangles qui lient Bourges au Panthéon; elle forme deux lignes brisées :

L'une dont les sommets sont : Méry-ès-Bois, Soesme, Chaumont, Orléans, Châtillon, Pithiviers, Forêt-Sainte-Croix, Torfou, Montlhéry, Panthéon;

L'autre qui a pour sommets : Humbligny, Ennordre, Vouzon, Châteauneuf, Bois-Commun, Chapelle-la-Reine, Malvoisin, Brie, Panthéon.

Nous avons projeté ces lignes brisées sur le prolongement du côté *Bourges, Méry-ès-Bois* ; et , en désignant par X et Y les coordonnées du Panthéon rapportées à cette direction et calculées par la première ligne brisée , et par X′ et Y′ celles calculées par la deuxième ligne brisée , nous avons trouvé

$$X = 195746^m,2, \qquad Y = 12197^m,5,$$
$$X' = 195745^m,5, \qquad Y' = 12198^m,6,$$

et en chiffres ronds , on aura

$$X = 195746^m, \qquad Y = 12198^m ;$$

d'où

$$S = \sqrt{X^2 + Y^2} = 196125^m ;$$

et , en désignant par A l'angle du premier élément de S , à partir de Bourges , avec l'axe des X , on a

$$\tan A = \frac{Y}{X}, \qquad \cos A = \frac{X}{S}, \qquad \sin A = \frac{Y}{S}, \qquad .$$

et , en effectuant les calculs , on trouve

$$A = 3^G,9620'',0 .$$

L'azimut astronomique de *Bourges, Dun-le-Roi* est $365^G,7534'',9$, compté à partir de la partie sud du méridien et dans le sens de l'est à l'ouest ; en appelant donc τ l'azimut du premier élément de S , nous aurons

$$\tau = 365^G,7534'',9 + 3^G,9620'',0 - \text{angle} \binom{\text{Méry-ès-Bois,}}{\text{Bourges, Dun-le-Roi}} .$$

Ce dernier angle est égal à $170^G,9703'',7$; on a donc

$$\tau = 198^G,7451'',2 .$$

α_9 étant l'angle du côté *Panthéon, Montlhéry*, avec une parallèle à l'axe des x. on a

$$\alpha_9 = 19^G,7608'',9.$$

L'azimut de la direction *Panthéon, Belle-Assise*, a

été trouvé, par les observations astronomiques, égal à $305^G,3314'',6$, cet azimut étant toujours compté de l'est à l'ouest, et à partir de la partie sud du méridien passant par le Panthéon.

On a

azimut du dernier élément de $S = \tau_1 = 305^G,3314'',6 + 3^G,9620'',0$

$- 19^G,7608'',9 +$ angle (Belle-Assise , Panthéon , Montlhéry).

Ce dernier angle est égal à $109^G,1754'',7$; on a donc

$$\tau_1 = 398^G,7080'',4.$$

ψ_1 étant la latitude de Bourges , on a

$$\psi_1 = 52^G,3146'',5 ;$$

ψ étant celle du Panthéon , on a

$$\psi = 54^G,2742'',4 ;$$

d'où

$$\psi - \psi_1 = \varepsilon = + 1^G,9595'',9.$$

35. Considérons l'arc géodésique qui joint Bourges au signal de Breri ; la chaîne de triangles qui lient ces deux points forme deux lignes brisées :

L'une, qui a pour sommets : Saligny-le-Vif, Pougues, Bois-Château , Toureau-des-Grands-Bois, Rome-Château, Bey, Breri ;

L'autre : Humbligny, Montenoison, Mourecon, le Grand-Hâbre , Bard, Bessey-en-Chaume, Seurre, Breri.

Nous avons projeté ces lignes brisées sur le prolongement de la direction Bourges, Dun-le-Roi, et nous avons obtenu,

X_1, Y_1 étant les coordonnées de Breri, calculées par la première ligne brisée ;

X'_1, Y'_1 étant celles calculées par la seconde ligne brisée :

$$X_1 = 147\,879^m,0, \quad Y_1 = 194\,374^m,6,$$

$$X'_1 = 147\,880^m,0, \quad Y'_1 = 194\,376^m,1.$$

Nous avons pris

$$X_1 = 147\,880^m, \quad Y_1 = 194\,375^m;$$

d'où

$$S_1 = \sqrt{X_1^2 + Y_1^2} = 244\,233^m.$$

Et A_1 étant l'angle du premier élément de s_1 avec *Bourges, Dun-le-Roi*;

Et A'_1 étant celui du dernier élément de s_1 avec *Breri, Mont-Poupet*;

Et α_6 étant l'angle de *Breri, Bey* avec une parallèle à l'axe des X_1, on a

$$A_1 = 58^G,5958'',0,$$

et

$$A'_1 = \text{angle (Bey, Breri, Mont-Poupet)} + A_1 - \alpha_6;$$

on a

$$\alpha_6 = 63^G,8770'',4,$$

et

$$\text{angle (Bey, Breri, Mont-Poupet)} = 150^G,4042'',4;$$

d'où

$$A'_1 = 145^G,1230'',0.$$

On a, par les observations astronomiques,

azimut de *Bourges, Dun-le-Roi* $= 365^G,7534'',9,$

azimut de *Breri, Mont-Poupet* $= 254^G,8632'',7.$

τ' et τ'_1 étant les azimuts du premier et du dernier élément de s_1, à partir de Bourges, on trouve

$$\tau' = 365^G,7534'',9 - 58^G,5958'',0 = 307^G,1576'',9,$$
$$\tau'_1 = 254^G,8632'',7 - 145^G,1230'',0 = 109^G,7402'',7.$$

ψ' étant la latitude de Breri, on a

$$\psi' = 51^G,9925'',4;$$

donc

$$\psi' - \psi_1 = \varepsilon' = -0^G,3221'',1.$$

Les longitudes astronomiques de Breri et de Bourges n'ayant point été observées, ne pourront servir à déterminer les éléments du paraboloïde dont Bourges est le sommet.

36. Pour résumer, nous réunirons ci-après les résultats qui viennent d'être obtenus, et pour les rendre propres à être introduits dans nos formules, nous compterons les azimuts du premier élément dans un sens, et ceux des derniers éléments dans le sens opposé. Ainsi, pour τ_1, au lieu de $398^G,7080'',4$, nous prendrons

$$400^G - 398^G,7080'',4 = 1^G,2919'',6;$$

pour τ'_1, au lieu de $109^G,7402'',7$, nous prendrons

$$400^G - 109^G,7492'',6;$$

nous aurons ainsi :

Arc de Bourges au Panthéon :
$$s = 196\,125^m,$$
$$\psi_1 = 52^G,3142'',2,$$
$$\varepsilon = +1^G,9595'',9,$$
$$\tau = 198^G,7451'',2,$$
$$\tau_1 = 1^G,2919'',6.$$

Arc de Bourges au Breri
$$s' = 244\,233^m,$$
$$\varepsilon' = -0^G,3221'',1,$$
$$\tau' = 307^G,1576'',9,$$
$$\tau'_1 = 290^G,2597'',3.$$

37. Prenons la deuxième des formules (a) du n° 24, et faisons-y l'application de l'arc s de Bourges au Panthéon; on a

$$\frac{s}{a} = -\frac{\varepsilon}{\cos\tau} + \alpha\,\frac{\varepsilon}{\cos\tau}\left(k + m + \frac{n}{2}\,\mathrm{tang}\,\tau\right) - \varepsilon^2\,\frac{\mathrm{tang}\,\psi_1\,\mathrm{tang}^2\,\tau}{2}$$
$$- \alpha\,\frac{\varepsilon^2\,\mathrm{tang}\,\psi_1\,\mathrm{tang}\,\tau}{4\cos\tau}\cdot n - \frac{\varepsilon^2}{2\cos\tau}\left[1 + \frac{\mathrm{tang}^2\,\tau}{2}\left(\tfrac{1}{3} + \mathrm{tang}^2\,\psi_1\right)\right].$$

Nous avons

$$\tau = 198^G,7451'',2\,;$$

faisons

$$\tau = 200^G - \theta,$$

on aura

$$\theta = 1^G,2548'',8, \quad \sin\tau = \sin\theta, \quad \cos\tau = -\cos\theta.$$

θ sera du même ordre de grandeur que ε; en sorte qu'à l'approximation de nos formules, on aura

$$\frac{s}{a} = \varepsilon + \frac{\varepsilon\theta^2}{2} - \alpha\varepsilon(k+m) + \alpha\varepsilon\theta.\frac{n}{2} + \frac{\varepsilon^3}{2}.$$

ε et θ doivent être exprimés en parties du rayon; on a

$$\varepsilon = \pi . \frac{1,9595,9}{2000000} = 0,0307812,$$

$$\theta = \pi . \frac{12548,8}{2000000} = 0,0197116.$$

Nous prendrons pour a la valeur moyenne du rayon terrestre,

$$a = 6366198^m\,; \quad \text{d'où} \quad \frac{s}{a} = 0,0308072.$$

On a aussi

$$\frac{\varepsilon\theta^2}{2} = 0,0000060,$$

$$\frac{\varepsilon^3}{2} = 0,0000149\,;$$

donc

$$\varepsilon + \frac{\varepsilon\theta^2}{2} + \frac{\varepsilon^3}{2} = 0,0308021,$$

$$s - \left(\varepsilon + \frac{\varepsilon\theta^2}{2} + \frac{\varepsilon^3}{2}\right) = +0,0000051\,;$$

on a

$$\tfrac{1}{2}\,6 = 0,0098558\,;$$

donc on aura, en divisant par $\varepsilon = 0,0307812$,

$$+ \frac{0,0000051}{0,0307812} = - \alpha(k+m) + \alpha n . 0,0098558,$$

ou

$$(A) \qquad + 0,0001657 = - \alpha(k+m) + \alpha n . 0,0098558.$$

Pour remplacer τ par τ_1 dans la formule ci-dessus, il faudra y remplacer ε par $-\varepsilon$, et k, m, n par k_1, m_1, n_1; mais les valeurs de ces quantités [équation (2), n° 9 du chapitre Ier] donnent à l'approximation voulue,

$$k_1 + m_1 = k + m, \quad \text{et} \quad n_1 = n;$$

on aura donc la formule

$$\frac{s}{a} = + \varepsilon + \varepsilon \frac{\tau_1^2}{2} - \alpha\varepsilon(k+m) - \alpha\varepsilon\frac{\tau_1}{2}n + \frac{\varepsilon^3}{2}.$$

Nous avons

$$\tau_1 = 1,2919'',6,$$

et, en parties du rayon,

$$\tau_1 = 0,0202940.$$

On trouve

$$\varepsilon\frac{\tau_1^2}{2} = 0,0000063;$$

donc

$$\varepsilon + \frac{\varepsilon\tau_1^2}{2} + \frac{\varepsilon^3}{2} = 0,0308024,$$

et

$$\frac{s}{a} - \left(\varepsilon + \frac{\varepsilon\tau_1^2}{2} + \frac{\varepsilon^3}{2} \right) = + 0,0000041;$$

on aura donc l'équation

$$+ \frac{0,0000041}{0,0307812} = - \alpha(k+m) - \alpha n . 0,0101470,$$

ou

$$(B) \qquad + 0,0001596 = - \alpha(k+m) - \alpha n . 0,0101470.$$

38. Passons maintenant à l'arc de Bourges, Breri. La

deuxième des formules (a), que nous venons d'employer, ne pourra l'être dans ce cas-ci, car les angles τ' et $\tau'_{,}$ différant peu de 300 grades, leurs tangentes seront très-grandes; ce qui nuirait à la convergence de la formule : il n'en sera pas de même de la première formule (a), qui ne contient pas la tangente de l'angle τ comme multiplicateur, en sorte que nous nous servirons de cette formule, que nous écrirons ainsi :

$$\varepsilon' = -\frac{s'}{a}\cos\tau' - \alpha\frac{s'}{a}\cos\tau'(k+m) - \alpha\cdot\frac{s'}{2\,a}\sin\tau'\,.\,n$$

$$-\frac{s'^2}{a^2}\cdot\frac{\tang\psi_{,}\sin^2\tau'}{2} - \alpha\frac{s'^2}{a^2}\tang\psi_{,}\sin^2\tau'(k+l)$$

$$-\alpha\frac{s'^2}{2\,a^2}\tang\psi_{,}\sin\tau'\cos\tau'\,.\,n$$

$$+\frac{s'^3}{2\,a^3}\cos\tau'\left[1+\sin^2\tau'\left(\tfrac{1}{3}+\tang^2\psi_{,}\right)\right].$$

Nous ferons

$$\tau' = 300^{G} + \theta' \quad \text{et} \quad \theta' = 7^{G},1576'',9;$$

on aura

$$\sin\tau' = -\cos\theta'; \quad \cos\tau' = +\sin\theta',$$

et la formule ci-dessus deviendra :

$$\varepsilon' = -\frac{s'}{a}\sin\theta' - \alpha\frac{s'}{a}\sin\theta'(k+m) + \alpha\frac{s'}{2\,a}\cos\theta'\,.\,n$$

$$-\frac{s'^2}{a^2}\frac{\tang\psi_{,}\cos^2\theta'}{2} - \alpha\frac{s'^2}{a^2}\tang\psi_{,}\cos^2\theta'(k+l)$$

$$+\alpha\cdot\frac{s'^2}{2\,a^2}\tang\psi_{,}\sin\theta'\cos\theta'\,.\,n$$

$$+\frac{s'^3}{2\,a^3}\sin\theta'\left[1+\cos^2\theta'\left(\tfrac{1}{3}+\tang^2\psi_{,}\right)\right].$$

Effectuons les calculs; nous avons en grades,

$$\varepsilon' = -0^{G},3216'',8,$$

4.

et en parties du rayon,

$$\varepsilon' = -\pi \cdot \frac{3221'',1}{2000000} = -0,0050597,$$

$$\frac{s'}{a} = \frac{244233}{6366198} = 0,0383640;$$

$$\log \frac{s'}{a} = 8,5839243$$

$$\log \sin \theta' = 9,0499774$$

$$\log \left(\frac{s'}{a} \sin \theta' \right) = 7,6339017 = \log 0,0043043;$$

$$\log \cos \theta' = 9,9972491,$$

et

$$\log \frac{s'^2}{a^2} = 7,1678486$$

$$\log \tan \psi_1 = 0,0316084$$

$$\log \sin \theta' = 9,0499774$$

$$\log \left(\frac{s'^2}{a^2} \tan \psi_1 \sin \theta' \right) = 5,2494344 = \log 0,0001776$$

$$\frac{s'}{a} = 0,0383782$$

$$\frac{s'}{a} + \frac{s'^2}{a^2} \tan \psi_1 \sin \theta' = 0,0385558$$

$$\log 0,0385558 = 8,5860897$$

$$\log \cos \theta' = 9,9972491$$

$$8,5833388$$

$$\log 2 = 0,3010300$$

$$8,2823088 = \log 0,0191562.$$

Donc

$$0,0191562 = \frac{\cos \theta'}{2} \left(\frac{s'}{a} + \frac{s'^2}{a^2} \tan \psi_1 \sin \theta' \right),$$

qui est le facteur de αn de la formule ci-dessus : on a encore

$$\log \frac{s'^2}{a^2} = 7,1678486$$

$$\log \operatorname{tang} \psi_1 = 0,0316084$$

$$\log \cos^2 \theta' = 9,9944982$$

$$7,1939552$$

$$\log 2 = 0,3010300$$

$$6,8929252 = \log . 0,0007814.$$

Donc

$$\frac{s'}{2\,a^2} \operatorname{tang} \psi_1 \cos^2 \theta' = 0,0007814$$

et

$$\frac{s'^2}{a^2} \operatorname{tang} \psi_1 \cos^2 \theta' = 0,0015628;$$

on a

$$\tfrac{1}{3} + \operatorname{tang}^2 \psi_1 = 0,3333333 + 1,156690$$

$$\log \left(\tfrac{1}{3} + \operatorname{tang}^2 \psi_1 \right) = 0,1731868$$

$$\log \cos^2 \theta' = 8,9944982$$

$$0,1676845 = \log 1,471243$$

$$\log \left[1 + \cos^2 \theta' \left(\tfrac{1}{3} + \operatorname{tang}^2 \psi_1 \right) \right] = 0,3929154$$

$$\log \sin \theta' = 9,0499774$$

$$\log \frac{s'^3}{a^3} = 5,7517729$$

$$6,1946657$$

$$\log 2 = 0,3010300$$

$$7,8936357 = \log 0,0000078.$$

Donc

$$\frac{s'}{2\,a^3} \sin \theta' \left[1 + \cos^2 \theta' \left(\tfrac{1}{3} + \operatorname{tang}^2 \psi_1 \right) \right] = 0,000078.$$

D'après ces différentes valeurs, nous aurons

$$- 0,0050597 = - 0,0043043 - 0,0007814 + 0,0000078$$

$$- \alpha (k + m).0,0043043 - \alpha (k + l).0,0015628$$

$$+ \alpha n\, 0,0191562;$$

d'où

$$(\text{C}) \quad \left\{ \begin{aligned} &+ 0,0000182 = -\alpha(k+m).0,0043043 \\ &- \alpha(k+l).0,0015628 + \alpha n.0,0191562. \end{aligned} \right.$$

Pour avoir l'équation en $\tau'_{,}$, il faut, dans la première des équations (a), changer τ' en τ'_1, ψ_1 en $\psi' = \psi_1 + \varepsilon'$, et changer, dans le premier membre, le signe de ε'. Il faut aussi remplacer k, l, m, n par k_1, l_1, m_1, n_1; on aura

$$(k_1 + m_1) = k + m - n \cdot \frac{s}{a} \operatorname{tang} \psi_1 \sin \tau',$$

$$(k_1 + l_1) = k + l,$$

$$n_1 = n + 2(l - m)\frac{s}{a} \operatorname{tang} \psi_1 \sin \tau'.$$

On a aussi, à un degré d'approximation suffisant,

$$\operatorname{tang} \psi' = \operatorname{tang} \psi_1 + \frac{\varepsilon}{\cos^2 \psi_1}.$$

Cela posé, la formule ci-dessus deviendra, lorsque l'on y aura fait $\tau'_1 = 300^{\text{G}} - \theta'_1$, $\tau' = 300^{\text{G}} + \theta'$,

$$-\varepsilon' = +\frac{s'}{a} \sin \theta'_1 - \frac{s'^2}{2 a^2} \cos^2 \theta'_1 \left(\frac{\varepsilon' + \sin \psi_1 \cos \psi_1}{\cos^2 \psi_1} \right)$$

$$- \frac{s^3}{2 a^3} \sin \theta'_1 \left[1 + \cos^2 \theta'_1 \left(\tfrac{1}{3} + \operatorname{tang}^2 \psi_1 \right) \right]$$

$$+ \alpha(k+m) \left(\frac{s'}{a} \sin \theta'_1 - \frac{s'^2}{a^2} \operatorname{tang} \psi_1 \cos^2 \theta'_1 \right)$$

$$- \alpha n \left[\frac{s'}{2 a} \cos \theta'_1 - \frac{s'^2}{a^2} \cos \theta' . \operatorname{tang} \psi_1 \left(\sin \theta'_1 + \frac{\sin \theta'}{2} \right) \right].$$

Il reste à mettre cette formule en nombres; nous avons

$$\varepsilon' = -0,0050597, \quad \frac{s'}{a} = 0,0383640, \quad \theta' = 7^{\text{G}},1576'',9,$$

$$\theta'_1 = 9^{\text{G}},7402'',7, \quad \psi_1 = 52^{\text{G}},3146'',5.$$

$$\log \frac{s'}{a} = 8,5839243$$

$$\log \sin \theta'_1 = 9,1829951$$

$$\overline{\qquad\quad 7,7669194} = \log 0,0058468$$

$$\log \frac{s'^2}{a^2} = 7,167848$$

$$\log \cos^2 \theta'_1 = 9,9897938$$

$$9,6933981 = \log (\varepsilon + \sin \psi_1 \cos \psi'_1)$$

$$\overline{6,8510405}$$

$$\log \cos^2 \psi_1 = 9,6662186$$

$$\overline{7,1848219}$$

$$\log 2 = 0,3010300$$

$$\overline{6,8837919} = \log 0,0007651.$$

$$\log (\tfrac{1}{3} + \operatorname{tang}^2 \psi_1) = 0,1731838$$

$$\log . \cos^2 \theta'_1 = 9,9897938$$

$$\overline{0,1629776} = \log 1,4553840$$

$$\log [1 + \cos^2 \theta'_1 (\tfrac{1}{3} + \operatorname{tang}^2 \psi_1)] = \log 2,4553840 = 0,3901195$$

$$\log \frac{s'^3}{a^3} = 5,7517729$$

$$\log . \sin \theta'_1 = 9,1829951$$

$$\overline{5,3248875}$$

$$\log . 2 = 0,3010300$$

$$\overline{5,0238575} = \log . 0,0000106$$

$$\log \frac{s'^2}{a^2} = 7,1678486$$

$$\log \operatorname{tang} \psi_1 = 0,0316025$$

$$\log \cos^2 \theta_1 = 9,9897938$$

$$\overline{7,1892449} = \log 0,0015461$$

$$\log \left(\sin \theta'_1 + \frac{\sin \theta'}{2} \right) = \log 0,2085015 = 9,3191092$$

$$\log \frac{s'^2}{a^2} = 7,1678486$$

$$\log \operatorname{tang} \psi_1 = 0,0316025$$

$$\log \cos \theta'_1 = 9,9972491$$

$$\overline{6,5158094} = \log 0,00032\text{;}$$

$$\log \frac{s'}{a} = 8,5839243$$

$$\log \cos \theta'_1 = \underline{9,9948969}$$

$$8,5788212$$

$$\log 2 = \underline{0,3010300}$$

$$8,2777912 = \log 0,0182579$$

On a donc

$$\frac{s'}{a} \sin \theta'_1 = 0,0058468,$$

$$\frac{s'^2}{2\,a^2} \cos^2 \theta'_1 \left(\frac{\varepsilon' + \sin \psi_1 \cos \psi_1}{\cos^2 \psi_1} \right) = 0\ 0007651,$$

$$\frac{s'^3}{2\,a^3} \sin \theta'_1 \left[1 + \cos^2 \theta'_1 \left(\tfrac{1}{3} + \tan^2 \psi_1 \right) \right] = 0,0000106$$

$$+ \frac{s'}{a} \sin \theta'_1 - \frac{s'^2}{a^2} \tan \psi_1 \cos^2 \theta'_1 = 0,0043007,$$

$$\frac{s'}{2\,a} \cos \theta'_1 - \frac{s'^2}{a^2} \cdot \tan \psi_1 \cos \theta'_1 \left(\sin \theta'_1 + \frac{\sin \theta'}{2} \right)$$

$$= 0,0182579 - 0,0003279 = 0,017930.$$

On a donc

$$- 0,0000118 = + \alpha(k+m).0,0043007 - \alpha n.017930,$$

ou

$$\text{(D)} \qquad - 0,0027437 = + \alpha(k+m) - \alpha n.4,169.$$

39. Réunissons les formules (A), (B), (C), (D) :

$$\text{(A)} \qquad + 0,0001657 = - \alpha(k+m) + \alpha n.0,0098558,$$

$$\text{(B)} \qquad + 0,0001596 = - \alpha(k+m) - \alpha n.0,010147,$$

$$\text{(D)} \qquad - 0,0027437 = + \alpha(k+m) - \alpha n.4,169,$$

$$\text{(C)} \quad \begin{cases} + 0,000182 = - \alpha(k+m).0,0043043 \\ - \alpha(k+l).0,0015628 + \alpha n.0,0191562. \end{cases}$$

On tire des équations (A) et (D),

$$\alpha n = + 0,0006198,$$

et des équations (B) et (D),

$$\alpha n = + 0,0006183.$$

Nous prendrons

$$\alpha n = 0,00062,$$

et nous aurons

$$\alpha(k + m) = -0,000159,$$

$$\alpha(k + l) = -0,00358.$$

Les équations (A) et (B), combinées ensemble, donneraient une valeur de αn très-différente de celles ci-dessus ; mais cela provient du peu de différence des premiers membres de ces formules (A) et (B), et de leurs coefficients de αn. D'où il suit qu'une petite erreur, dans un de ces nombres, change considérablement la valeur que l'on tirerait pour αn de ces deux équations ; et ainsi, en remplaçant dans ces formules $0,0001657$ par $0,0001680$, et $0,0001596$ par $0,0001560$, pour obtenir des valeurs de αn et de $\alpha(k + m)$ peu différentes de celles que nous avons obtenues, nous prendrons

$$\alpha(k + m) = -0,000159, \quad \alpha(k + l) = -0,00358,$$

$$\alpha n = + 0,00062.$$

40. Nous allons appliquer ces valeurs à la détermination de la surface de la Terre, que nous supposerons être un ellipsoïde quelconque ; nous supposerons que a_1 soit le demi-axe des z, b_1 celui des y, et c_1 celui des x, en sorte que nous aurons

$$\frac{z^2}{a_1^2} + \frac{y^2}{b_1^2} + \frac{x^2}{c_1^2} = 1.$$

Soient

$$a_1 = a(1 + \alpha\lambda), \quad b_1 = a(1 + \alpha\lambda_1), \quad c_1 = a(1 + \alpha\lambda_2);$$

nous aurons

$$z^2 + y^2 + x^2 - 2y^2\alpha\lambda_1 - 2x^2\alpha\lambda_2 - 2z^2\alpha\lambda = a^2.$$

Prenons les notations du premier chapitre (n° 1); on aura

$$r = a\left[1 + (1 - \mu^2)\sin^2\omega\,\alpha\lambda_1 + (1 - \mu^2)\cos^2\omega\,.\,\alpha\lambda_2 + \mu^2\alpha\lambda\right];$$

d'où

$$\alpha u = + (1 - \mu^2)(\sin^2\omega\;\alpha\lambda_1 + \cos^2\omega\,.\,\alpha\lambda_2) + \mu^2\,.\,\alpha\lambda.$$

Comparons l'équation (1) du premier chapitre avec celle-ci,

$$z = \frac{r^2}{2\,a}\left(1 + \alpha k + \alpha l \sin^2\tau + \alpha m \cos^2\tau + \alpha n \sin\tau\cos\tau\right);$$

on a

$$\alpha(k + m) = -\alpha u + \alpha\,.\,\mu\,.\,\frac{du}{d\mu} - \alpha(1 - \mu^2)\,.\,\frac{d^2 u}{d\mu^2},$$

$$\alpha(h + l) = -\alpha u + \alpha\mu\,.\,\frac{du}{d\mu} - \alpha\frac{1}{1 - \mu^2}\frac{d^2 u}{d\omega^2},$$

$$\alpha n = -2\alpha\left(\frac{\mu}{1 - \mu^2}\,.\,\frac{du}{d\omega} + \frac{d^2 u}{d\mu\,.\,d\omega}\right).$$

Mettons dans ces équations, pour αu, la valeur ci-dessus, et pour $\alpha(h + l)$, $\alpha(h + m)$, αn leurs valeurs numériques; on trouve, toutes réductions faites,

$$(1)'\quad\begin{cases} + 0,00015g = + 0,6089\,.\,\alpha\lambda \\ + 0,3911\,(\sin^2\omega\,.\,\alpha\lambda_1 + \cos^2\omega\;\alpha\lambda_2), \end{cases}$$

$$(2)'\quad\begin{cases} - 0,00358 = + 0,4637\;\alpha\lambda \\ - 1,4637\,(\sin^2\omega\,\alpha\lambda_1 + \cos^2\omega\,\alpha\lambda_2) - 2\cos 2\omega\,(\alpha\lambda_1 - \alpha\lambda_2), \end{cases}$$

$$(3)'\quad + 0,000455 = \sin 2\omega\,(\alpha\lambda_1 - \alpha\lambda_2).$$

Pour quatrième condition, nous supposerons la moyenne des excentricités égale à

$$\frac{1}{3o8} = 0,00325,$$

qui est le résultat des observations astronomiques; nous aurons donc

$$\tfrac{1}{2}\frac{b_1 - a_1}{a_1} + \tfrac{1}{2}\frac{c_1 - a_1}{a_1} = 0,00325;$$

d'où

$$(4)' \qquad \alpha\lambda_1 + \alpha\lambda_2 - 2\alpha\lambda = 0,0065,$$

et il s'agira de déterminer, d'après les équations $(1)'$, $(2)'$, $(3)'$, $(4)'$, les valeurs de $\alpha\lambda$, $\alpha\lambda_1$, $\alpha\lambda_2$: nous trouvons

$$\alpha\lambda = -0,001088 + \frac{0,000332}{\tang 2\omega},$$

$$\alpha\lambda_1 = +0,00216 + \frac{0,00332}{\tang 2\omega} + \frac{0,000227}{\sin 2\omega},$$

$$\alpha\lambda_2 = +0,00216 + \frac{0,00332}{\tang 2\omega} - \frac{0,000227}{\sin 2\omega}.$$

Ces valeurs, substituées dans l'équation $(2)'$, donnent

$$\tang 2\omega = -\frac{90,9}{9} = -10,10;$$

d'où

$$2\omega = -93^{G},70' \quad \text{et} \quad \omega = -46^{G},85';$$

nous en conclurons

$$\alpha\lambda = -0,001121,$$
$$\alpha\lambda_1 = +0,00235,$$
$$\alpha\lambda_2 = +0,0019$$

Soient e et e_1 les excentricités de l'ellipsoïde; on aura

$$e = \frac{b_1 - a_1}{a_1} = \alpha\lambda_1 - \alpha\lambda = 0,00347 = \frac{1}{282},$$

$$e_1 = \frac{c_1 - a_1}{a_1} = \alpha\lambda_2 - \alpha\lambda = 0,0030 = \frac{1}{333}.$$

Nous voyons donc que l'ellipsoïde osculateur dont Bourges est le point de contact a pour petit axe l'axe même du globe; et a étant le rayon égal à 6366198 mètres, on aura

$$a_1 = 6359068,$$
$$b_1 = a_1\left(1 + \frac{1}{282}\right),$$
$$c_1 = a_1\left(1 + \frac{1}{333}\right),$$

et le plan qui contiendra les axes des a_1 et c_1 fera avec le plan méridien de Bourges, un angle égal à $46^G,85'$.

41. Calculons maintenant l'ellipse qui serait l'intersection de l'ellipsoïde et d'un plan mené par le petit axe et par Bourges : il suffit pour cela de faire $\omega = 46^G,85'$ dans l'équation

$$r = a[1 + (1 - \mu^2)\sin^2\omega\,.\,\alpha\lambda_1 + (1 - \mu^2)\cos^2\omega\,.\,\alpha\lambda_2 + \mu^2\alpha\lambda];$$

on en tire

$$r = a(1 + 0,00211 - \mu^2\,.\,0,00323).$$

L'excentricité de cette ellipse sera donc égale à

$$0,00323 = \frac{1}{309}.$$

42. L'équation du paraboloïde osculateur peut s'écrire ainsi,

$$2az = r^2 \left(\begin{array}{l} 1 - 0,00358\,.\,\sin^2\tau - 0,000159\,.\,\cos^2\tau \\ + 0,000620\,.\,\sin\tau\cos\tau \end{array} \right);$$

d'où

$$r = \sqrt{2az}\,.\,\left(\begin{array}{l} 1 + \dfrac{0,00358\sin^2\tau}{2} + \dfrac{0,000159\,.\,\cos^2\tau}{2} \\ - 0,000620\ \dfrac{\sin\tau\cos\tau}{2} \end{array} \right),$$

et

$$r = \sqrt{2az}\,.\,\left(\begin{array}{l} 1 + 0,00179\,.\,\sin^2\tau + 0,000079\,.\,\cos^2\tau \\ - 0,000310\,.\,\sin\tau\cos\tau \end{array} \right).$$

Faisons

$$z = \text{constante} = h \quad \text{et} \quad 2ah = c^2,$$

on aura

$$r = c(1 + 0,00179\,.\,\sin^2\tau + 0,000079\cos^2\tau - 0,000310\,\sin\tau\cos\tau).$$

Cette équation est celle d'une ellipse qui est l'intersection du paraboloïde osculateur par un plan perpendiculaire à son axe mené à une distance h de son sommet. Nous allons déterminer la position des axes de cette ellipse ainsi que son excentricité. Nous savons que l'angle τ se compte à partir de la partie sud du méridien de Bourges et dans le sens de l'est à l'ouest. Les axes cherchés répondent au maximum et au minimum de r; les valeurs de l'angle τ auxquelles ils correspondent seront donc données par l'équation $\dfrac{dr}{d\tau} = 0$, équation qui sera, en désignant par τ_1 l'angle cherché,

$$0,00179 \sin 2\tau_1 - 0,000310.\cos 2\tau_1 = 0;$$

d'où

$$\tan 2\tau_1 = \frac{0,00031}{0,00179} = \frac{31}{179},$$

et

$$2\tau_1 = 10^G,93', \quad \text{ou} \quad 2\tau_1 = 210^G,93'.$$

Donc les valeurs de τ, auxquelles répondent les axes de l'ellipse, sont

$$\tau_1 = 5^G,46',$$
$$\tau'_1 = 105^G,46';$$

les demi-axes correspondants seront

$$r_1 = c \left(\begin{array}{c} 1 + 0,00179.\sin^2. 5^G,46' + 0,000079 \cos^2. 5^G,46' \\ - 0,000310.\sin. 5^G,46' \times \cos. 5^G,46' \end{array} \right),$$

$$r'_1 = c \left(\begin{array}{c} 1 + 0,00179.\cos^2. 5^G,46' + 0,000079 \sin^2 5^G,46' \\ + 0,000310.\sin 5^G,46' \times \cos 5^G,46' \end{array} \right).$$

En effectuant les calculs, on trouve

$$r_1 = c(1 + 0,00007),$$
$$r'_1 = c(1 + 0,00181);$$

d'où

$$r'_1 - r_1 = c.0,00174 = \frac{c}{574}.$$

En supposant que le plan de l'ellipse passe par le Panthéon, on a, à très-peu près,

$$\frac{r}{a} = \frac{s}{a} = 0,0308;$$

d'où

$$z = h = 2950^{\mathrm{m}},89 \quad \text{et} \quad c = \sqrt{2\,ah} = 193834^{\mathrm{m}}.$$

On aura donc pour les demi-axes de l'ellipse,

$$r_{\scriptscriptstyle 1} = 193834.1,00007 = 193847^{\mathrm{m}},6,$$
$$r'_{\scriptscriptstyle 1} = 193834.1,00181 = 194202^{\mathrm{m}},3$$

et

$$r'_{\scriptscriptstyle 1} - r_{\scriptscriptstyle 1} = 354^{\mathrm{m}},70;$$

et le grand axe sera dirigé à $5^{\mathrm{G}},46'$ du plan perpendiculaire au méridien de Bourges, la partie ouest de cet axe étant au nord de ce plan perpendiculaire au méridien; le petit axe sera dirigé à $5^{\mathrm{G}},46'$ du plan méridien de Bourges, la partie sud de ce petit axe étant située à l'ouest de ce méridien.

43. Nous terminerons ici cet essai sur la manière de pouvoir parvenir à la connaissance de la figure de la Terre avec d'autant plus d'exactitude que l'on connaîtra les éléments d'un plus grand nombre de paraboloïdes osculateurs en des points différents du globe, déterminés comme nous avons déterminé ceux du paraboloïde osculateur à Bourges.

On prendra alors pour rayon r de la surface du globe l'expression donnée par Laplace dans sa *Mécanique céleste*, 2e volume, et qui est

$$r = a\left[1 + \alpha\,Y_{(1)} + \alpha\,Y_{(2)} + \alpha\,Y_{(3)} + \ldots + \alpha\,Y_{(i)} + \ldots\right],$$

$Y_{(i)}$ étant une fonction rationnelle et entière de

$$\mu, \quad \sqrt{1 - \mu^2}\sin\omega \quad \text{et} \quad \sqrt{1 - \mu^2}\,.\,\omega,$$

qui satisfait à l'équation aux différences partielles

$$\frac{d\,(1 + \mu^2).\dfrac{d\,Y_{(i)}}{d\mu}}{d\mu} + \frac{1}{(1 - \mu^2)}\frac{d^2 Y_{(i)}}{d\omega^2} + i\,(i + 1)\,Y_{(i)} = 0.$$

La forme de cette fonction $Y_{(i)}$ est connue, et elle contient $(2i+1)$ constantes arbitraires. On prendra donc

$$\alpha u = \alpha\left[\mathrm{Y}_{(0)} + \mathrm{Y}_{(2)} + \mathrm{Y}_{(3)} + \ldots + \mathrm{Y}_{(i)} + \ldots\right],$$

et l'on aura pour chaque paraboloïde osculateur déterminé, trois équations qui serviront à déterminer les constantes contenues dans αu.

ADDITION.

Considérons la Terre comme un ellipsoïde à trois axes inégaux, et cherchons à déduire de nos formules celles qui donnent les latitudes et longitudes d'un point de sa surface en fonction des latitudes et longitudes d'un autre point, de la longueur de l'arc qui joint ces deux points, et de l'azimut du premier élément de cet arc.

Soient a le demi-petit axe qui est supposé l'axe de rotation du globe, b et c les deux autres axes, et soit

$$b = a\left(1 + \alpha \lambda_1\right), \quad c = a\left(1 + a \lambda^2\right);$$

on aura, pour l'équation de l'ellipsoïde,

$$r = a\left[1 + (1 - \mu^2)\left(\alpha \lambda_1 \sin^2 \omega + \alpha \lambda_2 \cos^2 \omega\right)\right]$$

On a (n^o **40**)

$$\alpha u = (1 - \mu^2)\left(\alpha \lambda_1 \sin^2 \omega + \alpha \lambda_2 \cos^2 \omega\right),$$

$$\alpha(k + m) = -\alpha u + \alpha \mu \frac{du}{d\mu} - \alpha(1 - \mu^2)\frac{d^2 u}{d\mu^2},$$

$$\alpha(k + l) = -\alpha u + \alpha \mu \frac{du}{d\mu} - \frac{\alpha}{1 - \mu^2} \cdot \frac{d^2 u}{d\omega^2}.$$

$$\alpha u = -2\alpha\left(\frac{\mu}{1 - \mu^2} \cdot \frac{du}{d\omega} + \frac{d^2 u}{d\mu\, d\omega}\right) :$$

d'où l'on tire

$$\alpha(k + m) = \alpha\left(1 - 3\mu^2\right)\left(\lambda_1 \sin^2 \omega + \lambda_2 \cos^2 \omega\right),$$

$$\alpha(k + l) = \alpha\left(1 + \mu^2\right)\left(\lambda_1 \sin^2 \omega + \lambda^2 \cos^2 \omega\right) - 2\alpha\left(\lambda_1 - \lambda_2\right)\cos 2\omega$$

$$\alpha n = 2\alpha\mu\left(\lambda_1 - \lambda_2\right)\sin 2\omega.$$

Dans ces formules, μ est le cosinus d'un angle qui diffère

du complément de la latitude du point sommet du paraboloïde considéré, seulement d'une quantité de l'ordre de α,
et, comme on néglige les quantités de l'ordre α^2, on peut,
dans les expressions précédentes, remplacer μ par $\sin \psi$.
ω est la longitude du sommet du paraboloïde, prise par
rapport au méridien qui contient l'axe des C_1 et dans le sens
de l'est à l'ouest.

Ceci posé, il restera à introduire dans les expressions
de ε et de η du n° **24**, chapitre **II**, les valeurs ci-dessus
de $\alpha \, (k + m)$, $\alpha \, (k + l)$ et αn; mais, auparavant, remarquons qu'il est inutile de tenir compte des troisièmes puis-
sances de $\dfrac{s}{a}$ et des deuxièmes puissances de ce rapport dans
les termes en α, parce que l'usage des formules que nous
cherchons est restreint à des arcs très-petits, et que ces
termes que nous négligeons ne pourraient introduire dans
les résultats que des quantités complétement insensibles ;
nous aurons donc simplement

$$\varepsilon = -\frac{s}{a} \cos \tau \left[1 + \alpha \left(k + m + \frac{n}{2} \tang \tau \right) + \frac{s}{a} \frac{\tang \psi \sin^2 \tau}{2 \cos \tau} \right],$$

$$\eta = +\frac{s}{a} \frac{\sin \tau}{\cos \psi} \left[1 + \alpha \left(k + l + \frac{n}{2} \cot \psi \right) - \frac{s}{a} \cos \tau \tang \psi_1 \right].$$

Au moyen des valeurs ci-dessus de $\alpha \, (k + m)$, $\alpha \, (k + l)$
et αn, ces expressions deviennent

$$\varepsilon = -\frac{s}{a} \cos \tau \left[\begin{array}{l} 1 + \alpha \, (1 - 3 \sin^2 \psi)(\lambda_1 \sin^2 \omega + \lambda_2 \cos^2 \omega) \\[4pt] + \alpha \sin \psi (\lambda_1 - \lambda_2) \sin 2\omega \, \tang \tau + \dfrac{s}{a} \dfrac{\tang \psi \sin^2 \tau}{2 \cos \tau} \end{array} \right],$$

$$\eta = +\frac{s}{a} \frac{\sin \tau}{\cos \psi} \left[\begin{array}{l} 1 + \alpha \, (1 + \sin^2 \psi)(\lambda_1 \sin^2 \omega + \lambda_2 \cos^2 \omega) \\[4pt] - 2\alpha \, (\lambda_1 - \lambda_2) \cos 2\omega \\[4pt] + \alpha \sin \psi (\lambda_1 - \lambda_2) \sin 2\omega . \cot \tau - \dfrac{s}{a} \cos \tau \tang \psi \end{array} \right].$$

Si l'on voulait prendre pour la France l'ellipsoïde déterminé n° 40, ce qui serait plus exact que de supposer un
ellipsoïde de révolution, on devrait faire, dans nos for-

mules,

$$a = 6359068^{m},$$

$$\alpha \lambda_1 = \frac{1}{282},$$

$$\alpha \lambda_2 = \frac{1}{333},$$

et compter les longitudes à partir du méridien situé à l'ouest du méridien de Bourges, à une distance en longitude de $46^G,85'$.

Pour comparer les expressions de ε et de η à celles qui sont en usage dans les calculs géodésiques de la nouvelle carte de France, nous supposerons l'ellipsoïde de révolution, et pour cela nous ferons

$$\alpha \lambda_1 = \alpha \lambda_2,$$

ce qui donne

$$\varepsilon = -\frac{s}{a} \cos \tau - \alpha \lambda \frac{s}{a} \cos \tau \left(1 - 3 \sin^2 \psi\right) - \frac{s^2}{a^2} \frac{\tan \psi \sin^2 \tau}{2},$$

$$\eta = +\frac{s}{a} \cdot \frac{\sin \tau}{\cos \psi} + \alpha \lambda \frac{s}{a} \frac{\sin \tau}{\cos \psi} \left(1 + \sin^2 \psi\right) - \frac{s^2}{a^2} \cdot \frac{\sin \tau \cos \tau \tan \psi}{\cos \psi}.$$

D'ailleurs les expressions usitées dans les calculs géodésiques sont

$$H' - H = - PK \cos Z - QK^2 \sin^2 Z,$$

$$M' - M = + R \frac{K \sin Z}{\cos H'},$$

et l'on a

$$P = \frac{\left(1 - e^2 \sin^2 H'\right)^{\frac{1}{2}}}{a'} \left(1 + e^2 \cos^2 H\right),$$

$$Q = \frac{1}{2} \frac{\left(1 - e^2 \sin^2 H'\right)^{\frac{1}{2}}}{a'} \left(1 + e^2 \cos^2 H\right) \tan H,$$

$$R = \frac{\left(1 - e^2 \sin^2 H'\right)^{\frac{1}{2}}}{a'}.$$

H est ψ dans nos formules, et

$$H' - H = \varepsilon, \quad M' - M = \eta;$$

K est la longueur de l'arc S.

Il est visible qu'au degré d'approximation auquel nous nous tenons, et qui est suffisant, on peut, dans P qui est multiplié par K, supposer $H' = H$, puisque $\sin^2 H'$ y est multiplié par e^2, qui est de l'ordre α. On peut, d'ailleurs, dans Q, qui est multiplié par K^2, négliger les termes en e^2, ce qui donne

$$P = \frac{1 + e^2\left(1 - \frac{3}{2}\sin^2 H\right)}{a'},$$

et pour que les deux expressions de ε et de $H' - H$ coïncident, il suffit que cette expression de P soit identique avec $\dfrac{1 + \alpha\lambda\,(1 - 3\sin H)}{a}$, ce qui a lieu en faisant

$$a' = a\left(1 + \frac{e^2}{2}\right) \quad \text{et} \quad \alpha\lambda = \frac{e^2}{2},$$

ce qui exprime que dans nos formules, a représente le demi-petit axe, et, dans l'expression de $H' - H$, le demi-grand axe.

En développant de même l'expression $M' - M$, et remarquant que

$$\frac{1}{\cos H'} = \frac{1}{\cos H}\left(1 - \frac{K \cos Z \tang H}{a'}\right),$$

$$R = \frac{1}{a'}\left(1 - \frac{e^2}{2}\sin^2 H\right),$$

il vient

$$M' - M = \frac{K \sin Z}{a' \cos H}\left(1 - \frac{K \cos Z \tang H}{a'} - \frac{e^2}{2}\cdot\sin^2 H\right);$$

et, en faisant $a' = a\,(1 + e^2)$, le terme en e^2, sous la parenthèse, devient

$$\frac{e^2}{2}\,\frac{K}{a}\,(1 + \sin^2 H).$$

L'expression $M' - M$ est donc aussi identique avec la valeur de ε; ce qu'il fallait démontrer.

———•———

Paris   Imprimerie de Bachelier, rue du Jardinet, 12

Mémoire sur la Figure de la Terre; par M.ʳ le Baron D'AVOUT.

Fig. 1.

Fig. 2.

Fig. 3.

Fig. 4.

Fig. 5.

Fig. 7.

Fig. 8.

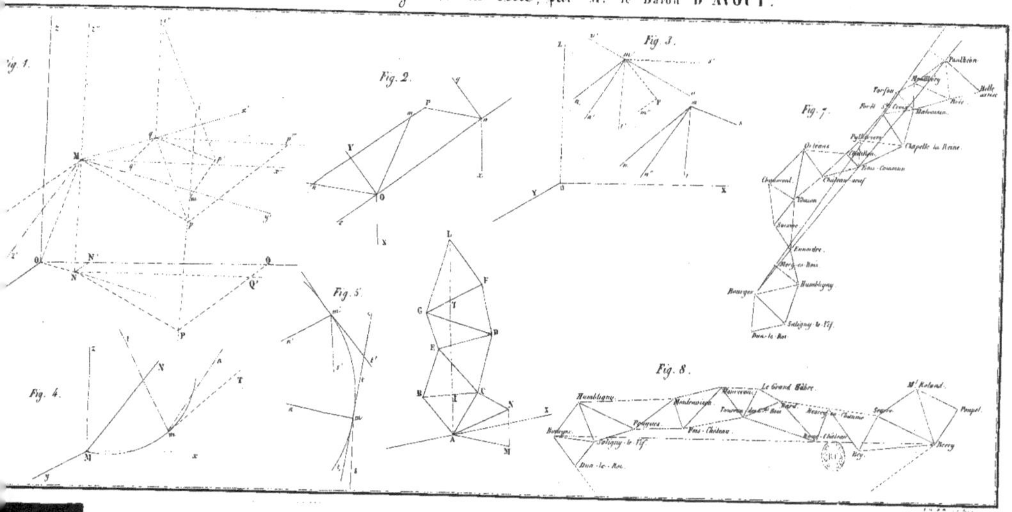

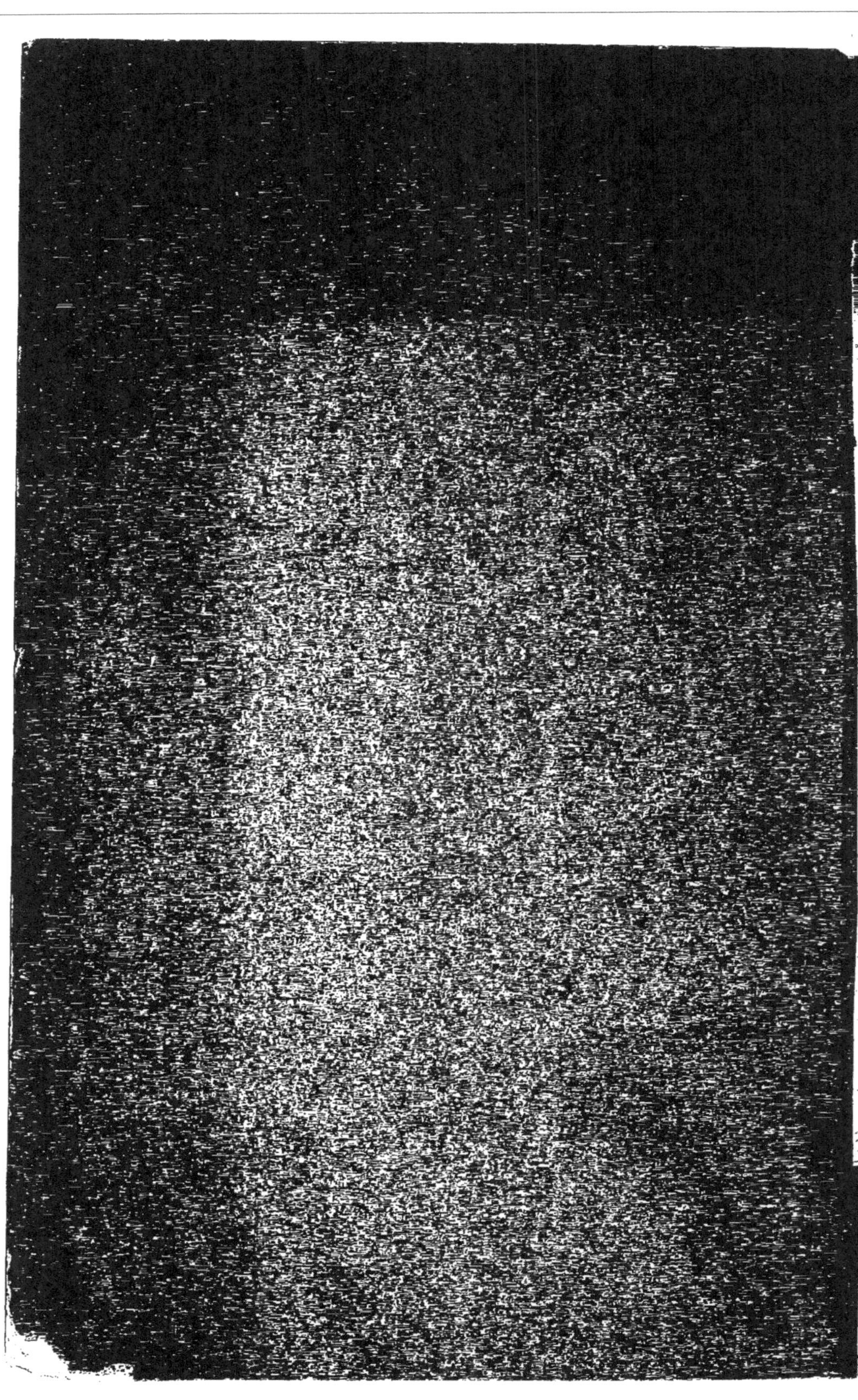